2016年广西壮族自治区高等职业院校
畜牧兽医示范特色专业及实训基地建设项目

宠物美容与护理

朱梅芳　主编

广西科学技术出版社

图书在版编目（CIP）数据

宠物美容与护理 / 朱梅芳主编. —南宁：广西科学技术出版社，
2017.8
ISBN 978 - 7 - 5551 - 0816 - 0

Ⅰ. ①宠… Ⅱ. ①朱… Ⅲ. ①宠物—美容—教材②宠物—饲养管理
—教材 Ⅳ. ①S865.3

中国版本图书馆 CIP 数据核字（2017）第 171685 号

宠物美容与护理
CHONGWU MEIRONG YU HULI

朱梅芳　主编

责任编辑：赖铭洪　　　　　　　　　助理编辑：何　芯　黄　璐
责任校对：李梁谋　　　　　　　　　封面设计：新阅文传
责任印制：韦文印

出 版 人：卢培钊　　　　　　　　　出版发行：广西科学技术出版社
社　　址：广西南宁市东葛路 66 号　邮政编码：530022
网　　址：http://www.gxkjs.com

经　　销：全国各地新华书店
印　　刷：广西大华印刷有限公司
地　　址：广西南宁市科园路 62 号　邮政编码：530007
开　　本：787 mm×1092 mm　1/16
字　　数：290 千字　　　　　　　　印　　张：13.5
版　　次：2017 年 8 月第 1 版　　　印　　次：2017 年 8 月第 1 次印刷
书　　号：ISBN 978 - 7 - 5551 - 0816 - 0
定　　价：45.00 元

编写人员

主　编　朱梅芳　广西农业职业技术学院
副主编　张　锐　北京中宠教育培训总部

编　者　（以下按姓氏笔画顺序排列）
　　　　王　剑　南宁市十二叔宠物医院
　　　　叶新慧　广西农业职业技术学院
　　　　林广津　广西农业职业技术学院
　　　　梁莉映　南宁市宠乐宠物医院
　　　　覃思益　南宁市阿猫阿狗宠物美容院
　　　　熊　飚　广西农业职业技术学院
　　　　潘细妹　广西农业职业技术学院
审　稿　吴霖春　北京中宠教育培训总部
　　　　赵　芸　南宁市发现宠物联盟
　　　　梁珠民　广西农业职业技术学院

本项目来源于广西壮族自治区教育厅 2014 年高等教育教学教改课题"任务驱动教学法在'宠物美容与保健'课程中的研究与实践"（课题编号 2014JGZ171）。

前　言

本教材的编写主要依托广西壮族自治区教育厅 2014 年高等教育教学教改课题"任务驱动教学法在'宠物美容与保健'课程中的研究与实践"（课题编号 2014JGZ171）。在教材编写前，我们聘请了行业专家召开课程分析会，分析宠物美容与护理领域的典型工作岗位、典型工作岗位的典型工作任务、完成典型工作任务所需的职业能力。把"任务驱动教学法"引入课程的教学改革和教材内容的编写中，按实际工作任务和工作过程的需求设计了宠物美容概述，宠物被毛的日常护理，美容宠物的接待，犬、猫的美容保定，宠物美容工具的使用与保养，宠物的专业洗护操作，宠物美容造型设计，宠物形象设计，宠物 SPA 护理等 9 个教学项目，共 17 个任务。

每个工作任务内容的编写按"任务驱动教学法"进行设计，编写的主线是"教师布置任务—学生分析任务（学生自主学习）—任务的准备—学生实施任务—任务作品的评价"，学生可通过自学知识链接中的内容获得完成任务的知识点，教师也可以先讲解其中的重点内容。

把"任务驱动教学法"引入宠物美容课程教学中，模拟真实的工作情景进行教学，打破以教师为主体、学生被动学习、学完不会用的传统教学方法，使学生的学习与今后的工作进行无缝对接。

本书由朱梅芳主编，项目一由广西农业职业技术学院熊飚编写；项目二、项目四由广西农业职业技术学院林广津编写；项目三的任务一由南宁市十二叔宠物医院王剑和南宁市宠乐宠物医院梁莉映编写；项目五、项目六由广西农业职业技术学院潘细妹编写；项目三的任务二、项目七由广西农业职业技术学院朱梅芳编写；项目八由广西农业职业技术学院朱梅芳和南宁市阿猫阿狗宠物美容院覃思益编写；项目九由广西农业职业技术学院叶新慧和南宁市阿猫阿狗宠物美容院覃思益编写。

在此书出版之际，我们感谢所有对该书编写提供帮助的人们，感谢南宁巴迪宠物医院覃晓单美容师提供的帮助。本书如有不当之处，请指正，在此感谢。

编者
2017 年 2 月

目　录

项目一　宠物美容概述

任务单

项目名称	项目一　宠物美容概述		
主要内容	1. 宠物美容行业发展概况。 2. 国内外宠物经济发展简介。 3. 宠物美容的市场前景。 4. 宠物美容师应具备的条件。 5. 宠物美容院的工作岗位介绍。 6. 犬协会组织介绍。 7. 犬美容的基础知识。	建议学时	4
知识目标	1. 了解宠物美容发展史。 2. 了解宠物美容市场现状。 3. 了解宠物美容的市场前景。 4. 了解国内外著名的犬协会组织。 5. 了解国内外宠物美容师现状。 6. 了解宠物美容与护理各岗位的工作任务与职业能力要求。 7. 了解宠物美容与护理的职业素质要求。		
素质目标	培养辩证逻辑思维、独立学习、调查分析的能力。		
资讯问题	1. 宠物美容师的基本素质有哪些？ 2. 国内外影响力较大的犬协会组织有哪些？ 3. 宠物美容师的工作任务有哪些？		
学时安排	资讯：3 学时	计划与决策：0 学时	实施：0 学时　　评价：1 学时

一、宠物美容行业发展概况

早期的宠物美容主要是为了让宠物能更好地适应它们的工作环境。例如，早期人们饲养贵妇犬的主要目的是为了让它们在水中搜寻捕猎。去掉身体多余的毛后会减小在水中的阻力，而留下来的毛是为了更好地保护它们。当它们不再成为工作犬时，沿袭下来的修剪就变成了一种时髦。

宠物美容经过几百年的发展，如今已经成为世界范围内较为复杂的职业行为。宠物美容快速发展，还得益于美国养犬协会的日趋壮大和对赛级美容的不断追求，特别是第二次世界大战后，专业美容工具的开发和护理产品的不断推新，加速了宠物美容的进步与创新。其中，日本对宠物美容技法和理论基础的发展做出了较大的贡献。韩国、中国香港、中国台湾都是大约 30 年前开始接触宠物美容的，而且大多都是到日本学习后，才促使了本地区宠物美容行业的发展。

中国大陆宠物美容行业的发展开始于 2000 年前后，第一代美容师们开始去香港学习，或者跟随港台来大陆开办短期培训班的老师学习，之后开始了宠物美容的从业之路。而后，越来越多的美容师出国学习，接触到了更先进、新潮的美容技法，随即专业美容店铺、美容学校从一线城市逐渐扩展到了全国范围，形成了如今的美容高潮。创意染色、SPA 护理等尖端美容也随处可见。虽然只有短短的 10 多年发展历程，但中国宠物美容行业的发展现状已经令世界瞩目。

中国宠物美容发展如此之快，得益于中国经济的发展。随着社会的进步和城市化进程的加速，人民生活水平的持续提高，城市居民家庭的独立性、个性化和人口老龄化问题日益突出，居民的休闲、消费和情感寄托方式也呈现多元化发展，越来越多的人饲养宠物。伴随着宠物数量的增长，必定会出现与之息息相关的宠物繁育、宠物贸易、宠物用品、宠物医疗、宠物美容、宠物保险、宠物驯养、宠物比赛等行业，宠物美容作为宠物产业链中的重要一环，它的发展壮大是必然的。

宠物美容在经历了几百年的发展史后，如今宠物美容的复杂程度已经不亚于人类的美容。宠物美容对环境的要求、设备的要求、美容师资质的要求、服务态度的要求等，已直接成为宠物主人选择的主要因素。而宠物美容的项目也从最初的剪趾甲、拔耳毛、洗澡，发展到创意造型修剪、个性装扮、焗油染色、漂白，再到近年来出现的宠物 SPA 水疗、泥浴等美容保健项目，完全可以与人类的美容项目相媲美。短短几十年间，宠物美容经历了一个历史性的飞跃。现在，国内的宠物美容行业中有一批领军人物，在人员培训、技术提升方面做出了很大贡献，使国内的宠物美容行业逐渐与国际接轨。

宠物美容部分项目图片欣赏如图 1-1-1 至图 1-1-4 所示。

图 1-1-1　染色设计

图 1-1-2　雕花设计

图 1-1-3　宠物 SPA

图 1-1-4　足部按摩

二、国内外宠物经济的发展

(一) 国外宠物经济的发展

如今，伴随着宠物数量的增长，出现了与宠物相关的宠物繁育、宠物贸易、宠物用品、宠物医疗、宠物美容、宠物保险、宠物驯养、宠物比赛等行业，这些行业早已形成了成熟的产业链。这些与宠物相关的行业在西方发达国家的国民经济中占有重要地位，不但创造了社会财富，还提供了大量的就业机会。宠物服务的连锁经营，更是以标准化、专业化遍布世界各地。例如，目前世界范围内最大的两家宠物连锁服务机构：美国的 Petco 与 Petsmart，在美国和加拿大分别拥有上千家的连锁服务店铺，在超大型的店内有琳琅满目的宠物产品和美容、寄养训练等服务。美国是世界头号宠物消费大国，据美国宠物产品协会估计，2015 年美国人为宠物花费约 605.9 亿美元，这比五年前剧增25%。在美国，养狗的家庭数量较多，养狗通常花费也最大，每只狗每年的基本花费预计能达到 1641 美元。另外，宠物美容和训练、寄养也在美国形成了一定的产业规模，每年创造的价值约 30 亿美元。在欧洲，英国一直是宠物消费的大国，其次是法国、德国等。近 30 年间，南美洲和亚洲成为宠物经济消费增长最快的地区，特别是亚洲。日本是世界上另一宠物消费大国，高度细化的各类宠物服务使日本走在世界前列。同时韩国、中国台湾与中国香港也是宠物行业快速发展的国家和地区。

（二）国内宠物经济的发展

在 2000 年之后，宠物行业在中国大陆正式形成。中国改革开放 30 年间，工业制造业的快速发展，造就了一大批宠物产品的生产厂家，主要集中在华南地区、江浙两地和北部沿海地区。同时涌现出了众多的专业宠物店铺、宠物医院，行业的雏形基本形成。十几年来，不仅北上广深这些一线城市的宠物经济消费日趋成熟，众多的三、四线城市，宠物经济消费持续增长。专业化的宠物服务机构日趋细化，爱宠人士的消费观念日益加强，宠物超市、便利店、酒店、训练场遍布城市各个角落，特别是每年多达 500 场的宠物展更是掀起了宠物热潮，宠物专业也走进了大学课堂。基本上所有宠物国际品牌在中国都有销售，甚至一线品牌直接在中国大陆建厂或直接采购。

如今，尽管在中国的各大城市政府都执行了严格的宠物饲养限制条例，但近年来实际宠物饲养量却有增无减。据估计，2008 年中国宠物总量为两亿多只。北京、上海、广州、重庆和武汉被称为"中国五大宠物城市"。在中国，宠物经济成为继旅游经济、教育经济、体育经济等之后的又一新兴产业，宠物美容作为宠物产业链中重要的一环，具有很好的市场前景。

三、宠物美容的市场前景

随着中国经济的发展，城市人口老龄化问题日益突出，居民的休闲、消费和情感寄托方式也呈多元化发展，越来越多的人饲养宠物。随着饲养宠物的人士不断增多和对宠物的关心越来越细致，市场对专业人才的需求在不断增加。这其中包括兽医师、兽医助理、宠物美容师、专业的繁殖者、训犬师、牵犬手，以及具备专业资质的养犬协会等。而其中的宠物美容业作为宠物行业内的一大支柱型服务性行业，逐渐壮大，并成为了宠物行业的朝阳产业。对于真心爱宠物的人来说，宠物已经是他们生活中的一部分，让心爱的宠物有最佳的状态在生活中已经成了最自然的事，给宠物美容炫耀一下也是一件值得骄傲的事。因此，宠物美容行业的兴起与迅速发展也就在情理之中了。

宠物美容作为一个新兴行业，短短的几年就有了飞速的发展。现在各个大中城市都有大量的宠物美容店。宠物美容行业的档次在逐年提高，盈利水平稳步上升，有很多有实力的公司、个人都认识到了宠物美容这个行业的优势。中国人口众多，地域辽阔，城市地域呈梯次发展，市场潜力巨大。目前，宠物美容行业远远还没有出现饱和的迹象，今后很长一段时间内，对宠物美容师数量的需求也会越来越多，宠物美容行业是未来几年就业与投资的理想行业。

四、宠物美容师应具备的条件

宠物美容师是指能通过对宠物外表进行修剪、护理、装饰等工作，使宠物发挥最大魅力的人员。

（一）职业素质要求

作为一名优秀的宠物美容师，其个人素质是非常重要的。任何想成为一名宠物美容师的人都应该具有"五颗心"，即有爱心、细心、耐心、自信心、责任心。

1. 对行业的态度

要热爱这个行业，全身心地投入、研究，力求做到最好。在学习及工作中要细心，同时要有极大的耐心，不能因练习中的劳累、枯燥而表现出烦躁的情绪。要对自己有绝对的信心，要相信自己，给自己制定目标，通过不懈的努力来实现目标。在学习的过程中要有责任心，努力把所有的问题都变成答案，通过学习达到这一行业的标准要求。美容技术实质上是训练双手的应用技巧，由生而熟，由熟而生巧。巧手可以回春，新的手法、新的应用技术与现代仪器设备结合，可以使美容的工作更加完美。一个优秀的美容师不能自我满足或故步自封，那样会阻碍技术的精进。

2. 对宠物的态度

要真正的喜爱宠物，不要因它们的血统不纯、样貌不出众、性格不温顺而嫌弃它们。要将每一只宠物都当作自己所养来对待，同时把它们当作不会说话的小孩。当它们不听话、不服从时，不要用简单的打骂来解决；当它们在操作台上拉屎撒尿时，不要大声呵斥它们，因为它们是无辜的，陌生的环境和人都会令它们感到紧张甚至恐惧。这个时候耐心是非常重要的，要给自己打气，告诉自己你会让它们逐渐配合的，你会做到一次完美的美容。仅仅只是想做完美的美容是不够的，还要有高度的责任心、细心、耐心、自信心，对每一个部位进行细致修剪，不能因为任何原因而草率收尾，因为你糊弄的不是别人而是你自己。同时，部分宠物由于拉屎撒尿或肛门腺液等原因很脏很臭，要有不怕脏、不怕臭的精神。

（二）有整洁的仪表仪容

对于一名合格的宠物美容师，工作时在着装上应有相应的标准，这样可以给客户留下一个专业的良好印象。

（1）头发整齐，刘海不要遮挡视线。

（2）指甲干净、整洁，不宜过长。

（3）工作时需穿平底鞋。

（4）穿专业的防水围裙。

（三）具备相关的专业知识

宠物美容与护理是一门综合性、知识性、多元化的学科，要想成为一个优秀的宠物美容师，光有热情是远远不够的，必须懂得动物解剖学和动物的一些骨骼位置、宠物修剪技巧、训犬以及简单的医疗卫生知识，还应该熟悉大多数犬和猫的品种特征、品种标准、不同品种动物的性格、生活习性、易患疾病、美容方法、流行的美容风格、营养与环境对动物被毛和皮肤的影响等，同时，还需懂得宠物美容行业的管理和经营。这些能力可不是一蹴而就的，需要花大量的时间去培训学习，例如看相关的专业书籍、光盘等。

五、宠物美容院的工作岗位介绍

一个具有一定规模的宠物美容院，主要有宠物美容主管、宠物美容师与宠物美容助理等几个工作岗位。他们的工作内容和岗位职责在不同的店中，细节上会有一些不同之处，但其主要的工作职责和岗位要求都大致相同。

（一）宠物美容主管

宠物美容主管是指宠物美容院中总揽宠物美容室事务的管理人员。宠物美容主管主要是对宠物美容室的人员进行日常管理，对宠物美容室的所有工作进行高标准监控等。美容主管除要有一定的工作经验外，还应有管理的能力和技巧。

1. 宠物美容主管的工作任务

（1）负责美容师的考勤、考绩与管理等工作。

（2）负责客户的管理。

（3）负责员工美容技术、工作意识与态度等的培训。

（4）负责宠物美容用品的管理。

2. 宠物美容主管的岗位要求

（1）掌握一定的美容技术。

（2）了解货品的进价、售价，懂得宠物店的经营管理。

（3）有较强的管理意识和管理水平；有较强的组织能力；善于团结员工，发挥员工的技术专长，调动他们工作的积极性；以身作则，深入实际，在员工中有较高的威信。

（4）能够钻研和创造新的宠物美容装束，以满足人们日益提高的生活水平的需求。

（5）要求熟悉整个宠物美容室设备的使用与管理方法，熟悉和掌握每个员工的技术状况，充分发挥他们的积极性。

（6）要求具有丰富的工作经验和高超的办事能力，以及处理突发事件的能力。

（7）对宠物毛发不过敏。

宠物美容主管在宠物店中居于重要位置，从宠物美容师管理到安全卫生，再到成本控制与核算等一系列都离不开宠物美容主管的管理。

（二）宠物美容师

宠物美容师是指能够使用工具及辅助设备，对各类宠物（可家养的动物）进行毛发、羽毛、指爪等的清洗、修剪、造型、染色，使其外观得到美化和保护的人员。

1. 宠物美容师的工作任务

（1）能独立完成常见犬种的洗澡及美容造型修剪，可根据不同犬只特点设计并完成造型修剪。

（2）熟悉宠物美容产品的功能，能向顾客独立介绍。

（3）管理好美容工具、用具、用品。

2. 宠物美容师的岗位要求

（1）掌握宠物造型修剪，喜爱宠物美容工作。

（2）了解宠物的身体结构、生活习性及性格特点。

（3）有较强的语言表达能力，能和客户沟通，服务意识强。

（4）严格按照宠物美容的流程操作，对宠物美容后的结果负责，做到令客户满意。

（5）对宠物毛发不过敏。

目前，对于美容师资格的认证，一种是遵循业内国际育犬联盟（FCI）和美国养犬协会（AKC）等竞赛体制的美容师资格考核标准，另一种是国家人力资源和社会保障部职业资格认定的美容师资格考核标准（简称 SPET 标准）。国家人力资源和社会保障部从业标准按照中国习惯称谓，将美容师分为初级、中级、高级、特级、大师级等；而业内美容师级别则沿袭了境外的 C 级、B 级、A 级等。

（三）宠物美容师助理

宠物美容师助理是指在宠物美容室内协助宠物美容师对宠物进行美容的人员。

1. 宠物美容师助理的工作任务

（1）能独立完成常见犬种的洗澡、吹毛、拉毛等工作。

（2）配合美容师做好造型修剪工作。

2. 宠物美容师助理的岗位要求

（1）能吃苦耐劳，工作积极性高，喜欢宠物，有良好的服务意识。

（2）能够快速独立完成各种常见犬、猫的洗浴、吹毛、拉毛等工作。

（3）对宠物毛发不过敏。

六、协会介绍

（一）国外养犬协会简介

1. 英国养犬协会（Kennel Club）

英国养犬协会（Kennel Club，简称KC）于1874年4月成立，是世界上设立最早的犬业管理组织，也是至今全世界最具影响力的犬业俱乐部之一。其主要功能是对纯种犬进行登记注册，承办犬展活动，并制定严格的比赛规则。Sewallis Evelyn Shirlry当选第一任主席，而且连任26年之久。KC在成立当年6月即举办第一次犬展，共有975只犬参加了这场名为水晶宫展的比赛。KC制定了优胜犬只的授奖办法，即以优胜证明书来作为得奖的奖励，而此证明书也成为具有冠军资格犬只的证明。KC不但是世界上最古老的犬协，也是3个公认对犬种群分类最有影响力的组织之一，至今已认定的犬种超过190种，每年更以主办犬展而闻名于世。

2. 美国养犬协会（American Kennel Club）

美国养犬协会简称为AKC，于1884年9月成立。犬展最早于1859年在英国兴起，之后蔓延到美国。到1876年在纽约举办第一届西敏寺犬展的时候，美国各地已经有各种各样具有本地特色的犬只比赛，但各自为政，没有一个统一的运作模式，对各种犬种也没有统一的标准。经过多年的酝酿，终于在1884年9月17日，代表12个犬会的10位爱犬人士集结于宾夕法尼亚州的费城，由费城犬会的泰来（J. M. Taylor）与伊利沃（Elliot）先生为召集人，催生了美国养犬协会（AKC）这个犬会的联合会。AKC并不是一个以个人身份参加的犬会，亦没有个人会员，它的会员都是由美国各地的犬会、俱乐部这样的团体组成，每一个团体成员都要以一个犬种作为自己在俱乐部中的代表。个人可以在自己所住的地区参加犬会成为会员。

由于犬展数目和参展犬只愈来愈多，AKC从1900年开始实行犬展积分制度。这是鼓励人们积极参加比赛和带给犬只更高荣誉的方法，参展愈多积分愈高。凡是参加250只犬以下的全犬种犬展并在犬种性别胜出可得1分，参加有超过1000只犬参加的全犬种犬展并在犬种性别胜出最高可得5分。要成为记录冠军犬则必须储存够15分。

1934年，在AKC总部建立的犬只图书馆，藏有1.8万多册书，是目前世界上现存与犬有关藏书最全的图书馆之一。这些书籍包括许多珍贵并已经绝版的现代著作、国际书刊和全球各地优良犬种的系谱。图书馆收藏有远古大师和当代艺术家的油画及印刷工艺品，并且保存了每种犬种的照片。1935年AKC犬只登记突破100万，之后犬只的登记数量持续增加，至今每年记录超过130万只犬的亲缘情况。

美国地大人少，以往不同地区的犬会各自举办犬展，非常松散、欠缺效率而且展期经常有冲突，再加上为了各地的犬展而长途奔波，所以AKC为了更省时、更有效率，从1970年开始建立区域联展制度。区域联展制度是将美国分为几片大区域，将这些区域内不同犬会的犬展组织在同一个地点，分成不同日期连成一片举办。这样使犬展资源更集中、管理更有效，同时方便参展者。

AKC是目前世界上最大的纯种犬协会，拥有584个团体会员和超过4000个结盟犬会或协议伙伴。在美国各地每年举行近1.6万次的犬展。

从2000年7月开始AKC应用了DNA技术，首先在美国国内登记的犬只中，从雄犬开始进行DNA测试与记录。到2004年为止，AKC已对19.8万只AKC登记的雄犬作了DNA登记。2006年3月对所有进口的犬只也开始进行DNA测试与登记。目前AKC的DNA数据库已拥有超过30万只纯种犬的遗传基因谱。

AKC认证的纯种犬有170多种，分为7个组别。

3. 国际育犬联盟（Federation Cynologique Internationale）

国际育犬联盟简称FCI，成立于1911年5月22日，已有超过百年的历史，总部位于比利时的蒂安，是目前世界上最大的犬业组织。最初由德国、奥地利、比利时、法国、荷兰五国联合创立，先后分别在欧洲、拉丁美洲及南美洲、亚洲、非洲、大洋洲等五区设立分支。现已具有84个成员机构，其中日本的JKC、法国的SCC和中国台湾的KCC等机构都是其成员机构。这些机构都保留有自己的特性，但都归属于FCI统一管理，并且使用共同的积分制度。FCI目前承认世界上340个品种的犬类，并将其所有认可的纯种犬分为10个组别，其中每个组别又按产地和用途划分出不同的类别。

FCI的主要职责：监察其会员机构每年举办4次以上的全犬种犬展（CACIB）；统一各个犬种原产国的标准，并广泛公布；制定国际犬展规则；组织、评审以及颁发冠军登录头衔；制定协会成员国血统记录，认定犬种标准。

FCI在各大洲都有分支机构，亚洲机构AKU（亚洲育犬联盟）成员包括中国大陆CKU、日本JKC、中国台湾KCC等成员组织。

4. 亚洲育犬联盟（Asia Kennel Union）

亚洲育犬联盟简称AKU，是国际育犬联盟在亚洲的分支机构。国际育犬联盟在日本下属机构称为JKC（Japan Kennel Club），在中国台湾的分支机构则简称KCC。发展最快的是JKC。1948年，随着日本民主改革的推进，日本成立了"全日本警卫犬协会"（JKC的前身）。到20世纪50年代中期，日本人的生活方式得到明显改善，养犬者的数量迅速增加，从欧洲和美国引进了一些纯种犬，协会成员和注册者的数量都有了大幅度的增加。至1971年登记犬数已达16.8万只，玩赏犬比例已过半，达到53%。接下来的几年中，在亚洲主要国家成立了育犬联盟（AKU），日本是主席成员国。目前，JKC有分布于14个地区的1100个附属俱乐部，16万个注册成员，登记犬种118个，2011年登记注册的犬只数量已经超过47万只。

5. 德国牧羊犬协会（SV）

德国牧羊犬协会简称SV，成立于1899年4月22日，由德国退役的骑兵上尉马克斯·冯·斯特凡尼茨等人创办，是世界上最大的单犬种繁殖协会。SV的宗旨是"牧羊犬的繁殖就是作业犬的繁殖"，其目标是控制、监督和促进该犬种的繁殖和训练，保持其优良的遗传特性。SV 负责对德国牧羊犬进行血统登记、发放血统证书及种犬评定检查、训练考试等，同时召开或协办德国牧羊犬单独展、考核驯犬手等有关德国牧羊犬的各项事宜。

随着德国牧羊犬在世界各地的广泛繁育和使用，各个国家相继成立了德国牧羊犬协会，SV 负责协调各国德国牧羊犬协会的关系，使其保持密切联系。

（二）国内养犬协会简介

1. 中国畜牧业协会犬业分会（China National Kennel Club）

中国畜牧业协会犬业分会（简称 CNKC）作为中国畜牧业协会分支机构，是在原中国犬业协会的基础上，经农业部和民政部批准，由从事犬业及相关产业的单位和繁育、饲养、爱犬人员组成的全国性唯一全犬种行业内联合组织。其宗旨是整合行业资源、规范行业行为、开展行业活动、发布行业信息、反映行业诉求、维护行业利益、奖惩行业褒贬、推动行业发展。在行业中发挥管理、服务、协调、自律、监督、维权、咨询、指导作用。

2. 中国纯种犬俱乐部（China Kennel Club）

中国纯种犬俱乐部（简称 CKC）成立于 2004 年，是目前国内最大最专业的犬展组织机构。长期以来 CKC 一直通过在全国各地举办犬展来普及纯种犬理念，为了使中国纯种犬的繁殖与国际犬业组织接轨，使国内纯种犬的管理和繁殖更加系统化，更加优化，进而保证 CKC 会员利益。CKC 将参考国际犬业组织的纯种犬繁殖登记管理方式，对国外以及中国香港、澳门和台湾地区进入中国大陆范围的纯种犬进行纯种犬鉴定、注册登记，对 CKC 承认的国际犬业组织所核发的血统证书将进行统一登记。

3. 中国光彩事业促进会犬业协会（China Kennel Union）

中国光彩事业促进会犬业协会简称 CKU，2006 年 4 月加入 FCI，是 FCI 在中国大陆地区的唯一成员，并在 FCI 的授权下执行对 FCI 认证的纯种犬进行繁殖登记和注册管理，并按 FCI 赛制举办犬赛。

CKU 作为 FCI 在中国的合作伙伴，经过 10 年来的发展，2014 年全年举办了 273 场全犬种赛事，有 3300 多只犬次参赛。同时举办美容师鉴定赛，并开展裁判培训。

CKU 的主要职能是繁殖犬登记和举办犬类赛事活动等。繁殖犬登记主要职责是进行纯种犬的血统登记，包含纯种犬血统证书发放。

4. 名将犬业俱乐部

名将犬业俱乐部简称 NGKC，是美国养犬协会（AKC）在中国地区唯一授权机构，也是 AKC 唯一在中国提供其纯种犬 DNA 血统鉴定服务、纯种犬注册记录服务、赛事积分记录服务、冠军登录积分记录服务的机构。2008 年 2 月，NGKC 加入"AKC 全球服务"的项目。2012 年 9 月正式获得 AKC 认可，在中国以 AKC 赛制标准举办犬赛及纯种犬登记注册工作。2014 年 1 月正式加入中国畜牧业协会犬业分会（CNKC），原"AKC 全球服务——中国积分赛"正式更名为"中国纯种犬职业超级联赛"，积分榜正式更名为"中国纯种犬积分排行榜"。

NGKC 目前与 CNKC 合作，每年按照 AKC 的赛制，要进行上百场的全犬种比赛，同时开展美容师的鉴定赛。

七、犬美容的基础知识

作为一位美容师，需要认识犬体表各部位名称，了解犬骨骼结构，才能更好地进行造型设计与造型修剪。

（一）犬体表主要部位名称

犬体表主要部位名称如图 1-1-5、图 1-1-6 所示。

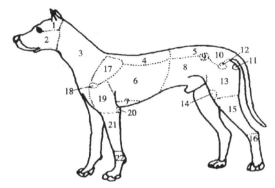

1—颅部；2—面部；3—颈部；4—背部；5—腰部；6—胸侧部（肋部）；7—胸骨部；8—腹部；9—髋结节；10—荐臀部；11—坐骨结节；12—髋关节；13—大腿部（股部）；14—膝关节；15—小腿部；16—后脚部；17—肩带部；18—肩关节；19—臂部；20—肘关节；21—前臂部；22—前脚部

图 1-1-5　犬体各部位名称（王立艳，2011）

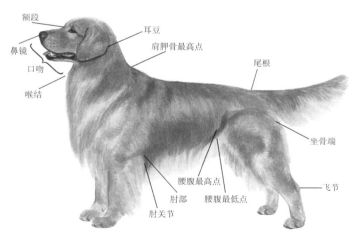

图 1-1-6　犬体表名称

（二）犬的骨骼结构

犬的全身骨骼结构如图1-1-7所示。

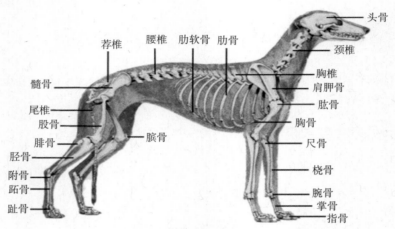

图1-1-7 犬的骨骼结构（王立艳，2011）

（三）犬美容常用的专业术语

（1）体高：从肩胛骨最高点到地面的垂直距离。

（2）体长：从胸前骨到坐骨端的水平距离。

（3）口吻：从喉结到鼻镜，再到额段的整个嘴部，包括上下颚。

（4）背线：从肩胛骨最高点到尾根的距离。

（5）股线：背线末端开始到坐骨端的斜面。

（6）臀线：股线下端到生殖器与身体连接处的距离。

（7）飞节角度：从臀线下端到飞节最高点处。

（8）膝盖线：从后肢与身体连接处到后脚脚尖处。

（9）腰线：贵宾犬在最后一根肋骨附近（约在身长的后1/3处）。

（10）额段：两内眼角之间的位置。

（四）身高与身长的测量

1. 测量目的

（1）通过测量身高与身长，判断宠物体形是否符合品种特征。如果不符合，则通过修剪来弥补，掩盖犬自身的缺点，突出优点。

（2）用于服装设计。

2. 测量方法

让犬站正，测量三次取平均值。犬站正的姿势为两眼平视前方，两前肢相互平行，垂直于地面，两后肢相互平行（贵宾犬的飞节垂直于地面），如图1-1-8所示。

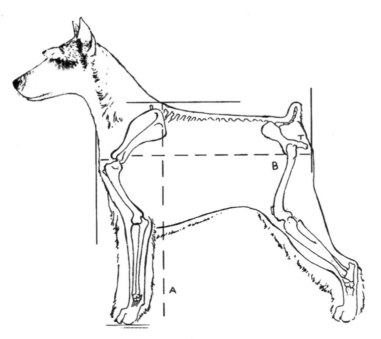

A 线为身高，B 线为体长（王锦锋等，2012）

图 1-1-8　犬身高与体长测量方法

项目二　宠物被毛的日常护理

任务一　不同类型被毛的日常护理

任务单

项目名称	项目二　宠物被毛的日常护理		
任务一	不同类型被毛的日常护理	建议学时	2
任务	1. 查阅资料，弄清犬被毛的种类有哪些。 2. 给不同被毛类型的犬进行正确的梳毛。 3. 告知宠物主人该如何做好犬、猫被毛的日常护理。		
技能	宠物不同被毛种类的日常护理。		
知识目标	1. 了解犬被毛的种类。 2. 了解各种犬不同被毛的日常护理方法。 3. 了解犬、猫脱毛的常见原因。		
技能目标	会根据宠物不同的被毛种类进行正确的日常护理。		
素质目标	培养辩证逻辑思维、独立学习、调查分析的能力。		
任务描述	宠物的被毛种类不同，日常的护理方法也不同。学生学习后应能根据宠物不同被毛种类进行正确的日常护理。		
资讯问题	1. 犬被毛有哪些类型？ 2. 了解毛发的结构。 3. 不同类型犬、猫的被毛是如何梳理的？ 4. 宠物的被毛梳理应该注意哪些事项？ 5. 根据你所学的知识分析犬、猫脱毛的原因有哪些？并且给出合理的调理建议。		
学时安排	资讯：0.5学时	实施：1学时	评价：0.5学时

【任务布置】

教师布置任务：

（1）查阅资料，弄清犬被毛的种类有哪些。

（2）给不同被毛类型的犬进行正确的梳毛。

（3）告知宠物主人该如何做好犬、猫被毛的日常护理。

【任务准备】

（1）不同被毛的犬只（长毛犬、卷毛犬、直丝毛犬等）若干。

（2）准备针梳、排梳、分界梳、鬃毛刷、解结刀、电剪等。

（3）学生应预先学习本任务知识链接中的相关知识点，教师也可先讲解相关重点内容。

【任务实施】

把学生分成 2～3 人 1 组，以小组为单位，在教师的指导下完成以下任务：

（1）查阅资料，每组制定出任务实施的方案。

（2）在教师的指导下，每组完成长毛犬、卷毛犬、直丝毛犬等犬种毛发的梳理。

（3）教师组织学生，创造真实的情景或在模拟真实的情景中，采用角色扮演法等方法实施教学，告知宠物主人长毛犬、卷毛犬、直丝毛犬等犬种日常生活中被毛应怎样护理。

【任务评价】

任务完成后，每组展示梳理被毛后的宠物，并演示被毛的梳理方法。可采取小组互评或教师点评等方式进行评价，并按下表进行评分。

被毛护理评价表

考核项目	要求	分值	得分
工作态度和纪律	积极完成任务，能团结协作。	10	
被毛日常护理方法	口述如何做好被毛的日常护理。	10	
直丝毛犬被毛的梳理	会正确梳理直丝毛犬的被毛。	15	
双层被毛犬被毛的梳理	会正确梳理双层被毛犬的被毛。	15	
贵宾犬、比熊犬等犬种被毛的梳理	梳子的选择正确，会正确梳理贵宾犬、比熊犬的被毛。	20	
毛结的处理	会用剪刀、开结刀、梳子等工具处理毛结，能把毛结梳开。	20	
整体效果	梳理毛发后的整体效果好。	10	
合 计		100	

【知识链接】

宠物毛发具有防晒、防擦刮、防细菌入侵、抵抗寄生虫、伪装等作用，不仅可以表达情绪，还可以反映宠物的整体是否健康。夏天不建议把犬的被毛剃掉，其颜色和体态也是品种的重要特征。要想使宠物被毛亮丽，需要进行精心的日常护理。

一、被毛特征

1. 毛发的生成

毛发是由皮肤内的毛囊生成的，从皮肤的斜面长出来，毛囊的角度决定毛发的角度。毛囊的数量与遗传有关，但妊娠4周前后的营养对毛囊形成的影响也较大。在胚胎时期最早形成的是嘴四周的触毛。

2. 毛发种类

一个毛囊生长出来的毛发分为主毛和副毛，如图2-1-1所示。

（1）主毛：一个毛囊只有一根，较硬、粗、长，构成犬的外层被毛。

（2）副毛：一个毛囊会有数根，往往较短、软，呈绒状，又称绒毛或下层毛、次生毛，有防寒功能，但并不是所有犬都有次生毛。

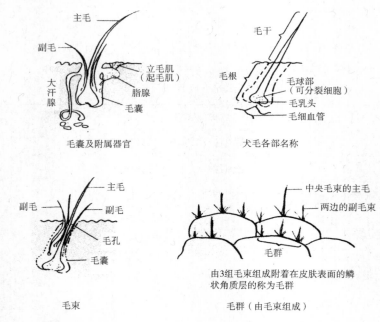

图2-1-1　被毛的组成与结构（张江，宠物护理与美容，2008）

3. 犬毛发的结构

所有类型的毛发可以分为两个部分：毛根和毛干，如图2-1-1所示。

（1）毛根：植入皮肤表皮内。毛根膨大形成毛球，毛球底部凹陷，内有真皮伸入，称为毛乳头，有血管和神经。

（2）毛干：指长出皮肤外面的部分。

毛发表皮有硬而平的毛鳞片，毛鳞片沿毛生长的方向向上、向外生长。毛发不健康、太脏或太干时，毛鳞片就会竖起，继而造成犬毛打结。开毛结水和开毛结膏的作用是软化毛鳞片以辅助开毛结。

4. 皮脂腺

近毛囊处的皮脂腺，可分泌油脂，润滑皮肤，使被毛光亮、顺滑。猫的皮脂腺分泌物富含维生素 D，当猫舔被毛时可摄入和补充维生素 D。

5. 毛发 pH 值

犬的毛发和皮肤呈弱碱性。宠物毛发和人头发所需香波的 pH 值不同，因此不能用人类的香波给宠物洗澡。

6. 换毛

出生后 3 个月乳毛开始脱落形成毛发。毛发生长一定时间后，毛乳头的血管衰退，血流停止，毛球的细胞停止生长并失去活力，毛根就会脱离毛囊。旧毛脱落，毛囊长出新毛，这个过程叫做换毛。受季节的影响，犬、猫一般春秋两季换毛一次，每次换毛大约 4～6 周时间，新毛在 3～4 个月时间里长好。像牧羊犬、北京犬、松狮犬等犬种，夏天脱掉部分旧毛，以调节体温；临冬时脱掉粗毛，更换绒毛，以度寒冬。养在室内的宠物犬、猫因长时间不暴露在日光下，整年都会脱毛，且以春秋两季脱毛最多，也有一些犬终生不换毛或常年脱毛。

外层毛不像次生毛那样具有周期性的脱落，可以随时拔除，同时可于毛囊中重新长出新毛。短毛犬比长毛犬被毛更换快。毛的脱换还与体内激素水平有关，光照也可促进被毛生长。

有些宠物的被毛随着年龄增长会有一些变化，如约克夏犬刚出生时毛发为纯黑色，随着年龄增长慢慢变灰，特别是头部的毛发。又如幼时贵宾犬毛发蓬松，7 个月大时开始变浓密。营养不良或健康状况差的犬、猫毛发常常是无光泽和脆弱的。

二、犬的被毛分类

1. 按毛的长短分

（1）长毛犬。

（2）短毛犬。

2. 按毛的密度分

（1）双层被毛：大多数犬属于双层被毛。

外层被毛长、直且粗硬，用来保护身体；内层绒毛能够有效地阻挡热量传导，将外界的冷空气与皮肤隔开，起到保温的作用。

（2）单层被毛：如约克夏等犬种属于单层被毛。

3. 按毛质分

（1）直丝毛型：如约克夏犬等，此类被毛毛质细软，如图 2-1-2 所示。

（2）硬毛型：如图 2-1-3 所示。

（3）不脱落卷毛型：如比熊犬、贵宾犬等属于此类型，如图 2-1-4 所示。此类犬被毛非常容易打结，尤其是两耳后、颈部、腋下等地方。

（4）软毛型：软毛的犬只大多数为长毛犬，如西施犬、马尔济斯犬、阿富汗犬等，见图 2-1-5 所示。

图 2-1-2　直丝毛型

图 2-1-3　硬毛型

图 2-1-4　不脱落卷毛型

图 2-1-5　软毛型

三、影响宠物被毛质量的因素

影响犬、猫的被毛质量的因素有营养状况、饲养管理、光照等。

（一）营养因素

日粮的营养是否平衡直接决定了宠物被毛是否健康。

1. 蛋白质

宠物被毛由角质蛋白构成，角质蛋白的主要成分是含硫氨基酸。蛋白质缺乏会导致犬、猫皮肤角质化，易脱毛，毛变细、毛色失去光泽、容易折断等。

2. 脂肪

脂肪不仅能保证皮毛光亮，还能帮助吸收脂溶性维生素。脂肪缺乏时会导致犬、猫脂溶性维生素缺乏，引起被毛生长发育不良、毛色灰暗干燥。

3. 矿物质

（1）硫：硫是含硫氨基酸的成分，参与宠物被毛发育，一旦缺乏会导致宠物消瘦，被毛发育受阻，影响健康。

（2）锌：缺锌会导致宠物皮肤发红发炎，使宠物皮毛质量下降，甚至脱毛。

（3）铁：铁是机体血红蛋白和肌红蛋白等的成分，参与动物机体的造血，宠物缺乏时会导致缺铁性贫血，表现为被毛粗糙。

（4）铜：铜参与被毛生长发育和色素合成，缺乏时影响宠物被毛生长发育，造成被毛粗糙、褪色。

（5）碘：碘可刺激蛋白质、核酸的合成，参与蛋白质、糖、脂肪、维生素等营养物质的代谢。碘缺乏时，宠物生长发育不良，皮肤干燥，被毛脆弱，容易脱毛。

4. 维生素

（1）维生素 A：维生素 A 与幼龄宠物生长发育关系密切。维生素 A 缺乏时，宠物皮肤粗糙，掉毛，毛囊角化过度；过量中毒时，宠物被毛粗糙，出现鳞状皮肤等。

（2）维生素 E：维生素 E 参与宠物繁殖与皮毛发育，能提高机体免疫力和维护皮毛健康。维生素 E 缺乏时，宠物皮肤粗糙，毛色加深，脱毛，湿性皮炎，严重影响毛皮质量。

（3）B 族维生素：B 族维生素参与细胞物质代谢和蛋白质的合成。B 族维生素缺乏时，宠物被毛粗糙，脱毛，有鳞屑状皮炎等。

（4）维生素 D：维生素 D 的缺乏会引起毛色灰暗、皮肤呈干鳞片状、被毛生长不良等。

（二）管理因素

1. 饲养管理

如果在宠物喂量和饲喂方式方面较随意，可能会造成宠物营养物质摄入量不足，进而影响宠物被毛生长和健康。此外，环境温度过高、严重的应激如惊吓等因素，会影响宠物采食，增加宠物对营养物质的需求量，从而影响宠物生长发育及被毛健康。

2. 清洁卫生

日常管理中经常梳理宠物被毛，有利于保持清洁卫生，促进血液循环和抵抗疾病。如果不注意被毛的卫生，容易发生皮肤病，从而影响被毛质量。

正确的洗澡方法也是保证宠物被毛质量的一个关键因素。过于频繁的洗澡，会把保护被毛和皮肤的油脂层洗掉,可能会引起皮肤病,或使毛发干燥。宠物洗澡需要使用宠物专用的香波,人和宠物皮肤的酸碱度不同,人用的浴液不适合宠物使用。如果使用人用的浴液,容易造成宠物毛发干燥或引发皮肤疾病。

3. 疫病防治

霉菌污染皮肤或体内外寄生虫感染时,对宠物的毛皮发育都有一定的影响,会出现皮肤干燥发红、掉毛、断毛、毛发稀疏等状况。

四、毛发缠结的原因

引起毛发缠结的原因很多,如毛发疏于梳理;梳理方法不正确;毛质不好,干枯的被毛容易打结;常穿衣服,静电摩擦引起打结等。如果宠物主人在家疏于梳理,只依赖于去宠物店洗澡时才梳理,很容易引起毛发缠结。或者宠物主人梳理方法不得当,只是从被毛的表面拂过,没有完全梳理到底层,那么干枯的毛发和好的毛发缠在一起也容易引起毛发缠结。

宠物毛发最容易缠结的时期是幼犬换毛期,此时长出来的粗毛和同一毛孔的细毛容易缠结在一起。在换毛期,一天不刷,犬毛一夜之间便会在皮肤附近形成大块缠结。缠结最严重的是脖子、肩膀、耳后、腋窝和后腿等部位。

健康的毛发,特别是有规律且正确梳理的毛发,毛发的毛鳞片会平躺着而反光。毛鳞片会吸附很多灰尘、微粒和外来物质,如果毛发疏于梳理或不正确梳理,毛鳞片会直立、干燥。另外,如果毛干上缺油,毛鳞片的粗糙边缘会和其他毛干上的毛鳞片边缘交错,形成缠结。时间越长,缠结区域越大,如果持续不梳理,最后会形成一个结实的毛团。表皮上的静电也会对毛发有负面影响,过多的静电会使被毛不服帖,从而导致缠结。此外,细毛比粗毛更易缠结。

五、被毛的日常护理

被毛的日常护理主要包括内部的营养调理和外部的清洁、梳理、洗澡等。只有对宠物悉心照顾,才会使宠物拥有健康的被毛。洗澡内容的介绍见后文的项目六。

(一) 被毛梳理

梳毛是宠物被毛日常养护中的一个重要环节。

1. 被毛梳理的作用

(1) 按摩皮肤,刺激新的毛发生长。

(2) 去除灰尘和老化的毛发。

(3) 有利于防止毛发缠结。

(4) 保持皮肤清洁健康,使宠物不易感染疫病和体外寄生虫病。

（5）使皮脂腺分泌的油脂均匀分布于被毛上。

（6）使被毛看起来更健康，更有光泽。

2. 梳毛的步骤

可以参考以下顺序进行梳理：

（1）从后肢开始往前肢方向由后往前逐步梳理，梳完一侧再梳另一侧。

（2）前躯、身躯由下部往上逐步梳至背部。

（3）梳理颈部、头部（对腋下、眼睛、耳后要特别仔细梳理）。

（4）梳理尾部。

详细方法、步骤见项目六。

3. 被毛梳理基本方法

（1）刷毛：常用的工具有钢丝刷、木柄针梳等。刷毛时应一层一层梳理，每一层梳到底，层与层之间要看得见皮肤，如图2-1-6所示。注意把握好力度，不能刮伤皮肤。每个部位要反复梳理几遍，不能只梳理表层的被毛。日常刷毛和洗浴前的刷毛一般建议顺毛刷理，顺毛刷理的好处是阻力较小，被毛损失少。长毛型的直丝毛必须顺毛梳理。

（2）梳毛：刷毛后，身上可能还会有小毛结存在，这时需要用排梳进行彻底的梳理，如图2-1-7所示。先用排梳阔齿端梳理被毛，检查有无毛结，梳通后再用密齿端检查有无更小的毛结，直至全身毛发无毛结并完全梳顺。如果还有小毛结未梳通，需要用手抓住毛干的根部再梳，切不可用力拉扯毛发弄疼宠物。如果还有排梳梳不开的小毛结，则需要再次用刷毛工具对毛结进行反复梳理，最后再用排梳梳顺。

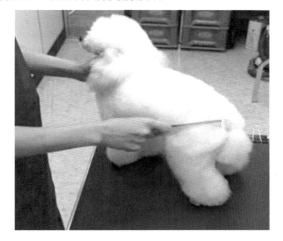

图2-1-6　用针梳一层层刷毛　　　　　图2-1-7　排梳检查有无小毛结

4. 被毛开结方法

先从毛发末端用手指或解结刀、剪刀等耐心地将毛结分开成一小束一小束，再用针梳反复刷每一个小毛结，直至完全梳开，然后用排梳将毛发梳理通顺。如配合使用顺毛喷剂和解结剂效果更佳。若毛结较结实，可用剪刀顺着毛尖的方向剪开毛结再梳；若毛结仍难以梳开，可将毛结部分剪掉再梳理，如图2-1-8、图2-1-9所示。解毛结时，不可让宠物被毛沾上水，否则弄湿后干燥的毛发如同羊毛般缩水很难将其梳开。

图2-1-8 把毛结分成小束

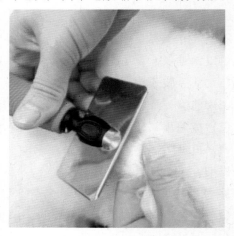

图2-1-9 用针梳反复刷理毛结

5. 不同类型被毛的梳理方式

（1）长毛直丝毛犬的梳理：长毛直丝毛常见于西施犬、约克夏犬、马尔济斯犬等，猫无直丝毛。毛发特点：细腻有光泽、顺滑，毛质偏干燥，毛长易缠绕打结。

推荐梳毛工具有木柄针梳、排梳、分界梳等。此类犬毛较长，易缠绕打结，应每天梳理毛发。洗澡时，应用有护毛素成分的洗毛水，或在洗澡后用护毛素浸润，可使毛发更加顺滑。

梳理方法：先用木柄针梳顺毛轻柔梳理毛尖部分，然后慢慢梳到毛根，充分梳理底层，彻底梳顺。如果遇到结团的毛块，可以先用手小心掰开后再梳。对已经结成球的毛团，梳理前必须用剪刀剪掉。梳理时可喷些顺毛剂。长毛约克夏等犬种最后可用分界梳从脊椎骨中间分界，向身体两侧梳顺，如图2-1-10、图2-1-11所示。

图2-1-10 背部被毛梳向身体两侧

图2-1-11 背部被毛用分界梳分界

参赛直丝毛犬毛发要经常护理，长长的毛发要使用营养油护理，并用宠物专用包毛纸将长毛包裹起来，以防止毛发断裂。

（2）中长毛犬的梳理：中长毛犬常见于松狮犬、博美犬、各种牧羊犬、萨摩耶等。

毛发特点：毛发非常浓密，底层像棉质，外层毛较粗，毛质偏干。如长期不梳理，易形成缠结，甚至会引起湿疹、皮癣或其他皮肤病。

推荐梳毛工具有木柄针梳、钢丝刷、排梳等。

中长毛犬需要每天梳理，经常清理深层死毛。梳理时，把长毛翻起，用刷毛工具一层一层梳理，每一层应梳到底，露出皮肤。头、肩部被毛先逆毛梳理一次，再用鬃毛刷顺毛梳顺表层被毛。躯干被毛顺毛梳理。

（3）短毛犬的梳理：短毛犬常见于杜宾犬、巴哥、斗牛犬等犬种。毛发特点：被毛短硬有光泽、毛发紧贴皮肤、毛发偏油。此种犬因毛较短，因此必须让犬有一身强壮的肌肉才显得美。

推荐使用刷毛工具有鬃毛刷、橡胶马梳等。刷毛时先用橡胶马梳刷去脱落被毛和脏物，再用鬃毛刷刷顺。平时也可以定期用热毛巾擦掉灰尘，再用干毛巾擦去水分。

（4）卷毛被毛的梳理：卷毛常见于贵宾犬、卷毛比熊犬等犬种。毛发特点：此种毛发卷曲浓密，适合造型，毛发偏油。此类型犬常年不换毛，被毛不断生长，要定期修剪。

推荐梳毛工具有钢丝刷、排梳。此类毛发容易缠结，应每天梳理。可先用钢丝刷顺毛刷理（顺毛刷理阻力小，被毛损失少），一层一层梳到底部，全身彻底刷完后再用排梳梳顺。

（5）硬毛被毛的梳理：硬毛常见于雪纳瑞、刚毛猎狐梗等大多数梗犬类。毛发特点：毛发又硬又韧，较粗糙，发质偏干。

刷毛时一般使用钢丝刷梳理。赛级雪纳瑞犬定期用刮毛刀刮除新生的绒毛，保持硬毛的密度。赛级雪纳瑞犬要用专用的硬毛洗毛水洗澡。

猫也有长毛和短毛之分，它们的梳理方法参照犬种的梳理方法。猫一年四季都会脱毛，如果久不梳理，猫自行梳理被毛时会将毛吞入胃内，久而久之在胃内形成毛球，引起宠物呕吐，影响食欲，甚至危及生命。所以猫的护理要更加用心、勤快，对于体表脱落的被毛要经常梳理掉。

（二）食疗养护

1. 使用专业日粮

专业的犬、猫粮，蛋白质、微量元素、维生素、必需脂肪酸等营养物质含量比较平衡，能有效满足宠物身体各方面的营养需求。同时，许多品牌的专业犬、猫粮含有对宠物皮肤和被毛有益的营养素，不但能刺激被毛生长，还能滋润被毛，使被毛更具光泽。

2. 补充所需营养物质

适量的提供蛋白质、脂肪、维生素和微量元素等营养物质，可改善被毛的质量，使被毛生长更好，更富有光泽。当被毛质量差时，建议适当加喂些诸如美毛粉、海藻粉之类具有护毛功效的产品，特别是宠物发生疾病时，或宠物主人经常自己给宠物配制日粮饲喂的，更应酌情添加。

六、宠物脱毛的原因分析

日常生活中，犬、猫被毛粗乱、无光泽甚至掉毛的现象常有发生，掉毛不但会影响宠物的美观，还可能会传播疾病。临床上，将犬、猫局部或全身的被毛出现非正常性脱落的现象称为犬、猫掉毛综合征。

引起宠物脱毛的原因很多，如养在室内的宠物犬、猫因长时间不暴露在日光下，整年都会脱毛，但以春秋两季脱毛最多。此外，年老的犬、猫都会出现毛色减退、毛量减少的现象，这些属于正常的生理现象。这里主要分析非正常脱毛的原因。

1. 矿物质和维生素的过量或缺乏

如硒过量时宠物会表现出脱毛症状；宠物缺乏锌时会发生上皮细胞角质化、脱毛；犬、猫缺乏碘会引起甲状腺机能减退，从而导致被毛脱落；缺乏维生素 A 时，上皮组织增生、角质化，引起掉毛；缺乏维生素 B_5 时，也会造成宠物掉毛，临床上表现为癞皮病等。

2. 皮肤病的影响

寄生虫感染、真菌性传染病、螨虫、皮肤过敏等都可以引起脱毛现象。

（1）真菌感染：主要是由犬的小孢子菌和发癣菌属真菌引起。病程较长，在皮肤上有圆形或不规则的秃斑和灰白色鳞屑，多见于头面部、鼻梁两侧、颈部、躯干和四肢，严重时体表一大片脱毛，显微镜下可以发现菌丝，有时伴有皮炎、丘疹或脓包。

（2）寄生虫病：犬疥螨感染后，犬头部、前胸、腹下、腋窝、大腿内侧和尾侧，甚至蔓延至全身的皮肤会出现发红、有痂皮和脱毛现象。猫疥螨感染严重时，皮肤会增厚、龟裂、有痂皮、脱毛。犬、猫的跳蚤有犬栉首蚤和猫栉首蚤，常引起犬、猫的皮炎，也是犬绦虫的传播者。虱寄生可引起犬大量脱毛、瘙痒和皮肤刺激，在犬经常活动的场所可以发现大量脱落的被毛。

蛔虫病、钩虫病、绦虫病等造成病犬、猫消瘦，结膜苍白，被毛粗乱无光泽，易脱落，背部有大小不等的脱毛斑，皮肤上出现丘疹或痂皮等。

3. 内分泌的影响

（1）甲状腺机能减退时，病犬、猫表现为皮肤干燥，被毛无光泽、粗糙、变脆、再生障碍，毛色变白等。脱毛部位常见于躯干，呈对称性脱毛。有甲状腺机能减退的犬，剃毛后可能出现不长新毛的现象。

（2）肾上腺皮质机能亢进时，除头部和四肢外，患犬表现为两侧对称性脱毛。被毛干燥无光，色素沉积。

（3）内分泌紊乱，雌激素分泌过剩时，患病宠物通常在后肢上方、外侧呈对称性脱毛。多见于发情周期不正常、经常假孕的母犬，也常见于有睾丸支持细胞瘤的公犬。

4. 人为因素

如使用不合适的香波洗澡，甚至使用人的香波，会使被毛质量变差，甚至掉毛。此外，洗澡过密，会破坏皮肤保护物质，也易造成掉毛。

5. **光照影响**

犬、猫常年饲养在室内，长期照射不到阳光，会造成全年轻微的脱毛。

从以上分析可知，犬、猫脱毛的原因很多，要想改善脱毛现象，必须找出病因，对症处理，才能从根本上改善被毛的质量。例如，如果是皮肤病引起的脱毛，应及时治疗皮肤病；如果是内分泌原因引起的脱毛，应服用调节内分泌药物，以改善内分泌功能；如果是矿物质和维生素缺乏引起的，可适当使用补充矿物质和维生素的产品等。宠物日常洗澡护理时，应选用宠物专用的沐浴液，洗澡频率视不同情况而定。犬一般 7～10 天洗一次为宜，猫每月可洗 2～3 次。同时加强日常护理，提高机体抵抗力。

任务二　犬、猫常见皮肤病的识别

任务单

项目 名称	项目二　宠物被毛的日常护理		
任务二	犬、猫常见皮肤病的识别	建议学时	2
任务	1. 识别宠物有无皮肤病。 2. 识别宠物虱子、跳蚤、蜱等体外寄生虫。 3. 给客户提出防治虱子、跳蚤、蜱虫、螨虫等体外寄生虫的合理建议。		
技能	1. 识别犬、猫有无皮肤病。 2. 制定宠物体外寄生虫病的防治方案。		
知识 目标	1. 了解犬、猫皮肤病的种类。 2. 会体外寄生虫病的处理方法。		
技能 目标	1. 能识别犬、猫有无皮肤病。 2. 能制定宠物体外寄生虫病的防治方案。		
素质 目标	具有分析问题、处理问题和解决问题的能力，有团队协作精神。		
任务 描述	犬、猫皮肤病是宠物日常中常见的疾病，美容师应能从宠物的皮毛状态判断其皮肤是否健康，是否适合美容。 此外，美容师应能够识别宠物常见的体外寄生虫病，并能给客户提出合理建议。		
资讯 问题	1. 宠物常见的皮肤病有哪些？应该如何处理？ 2. 应该怎样预防宠物常见的皮肤病？		
学时 安排	资讯：0.5学时	计划与决策：0.5学时	检查：0.5学时	评价：0.5学时

【任务布置】

教师布置任务：

（1）识别宠物有无皮肤病。

（2）识别宠物虱子、跳蚤、蜱等体外寄生虫。

（3）给客户提出防治虱子、跳蚤、蜱虫、螨虫等体外寄生虫的合理建议。

【任务准备】

（1）犬、猫若干只。

（2）宠物虱子、跳蚤、蜱虫、螨虫等体外寄生虫的相关图片与视频材料。

（3）学生应预先学习本任务知识链接中的相关知识点，教师也可先讲解相关重点内容。

【任务实施】

把学生分成2～3人1组，以小组为单位，在教师的指导下完成以下任务：

（1）各组学生查阅资料，识别宠物虱子、跳蚤、蜱虫、螨虫等体外寄生虫。

（2）在教师的指导下，各组检查犬、猫有无皮肤病。

（3）各组学生查找资料，制定虱子、跳蚤、蜱虫、螨虫等体外寄生虫的防治方案，并在班上汇报。

【任务评价】

任务实施完成后，教师可考核学生对宠物皮肤病知识的掌握情况，并按下表进行评分。

宠物常见的体外寄生虫与皮肤病识别评价表

考核项目	要求	分值	得分
工作态度和纪律	积极完成任务，能团结协作。	10	
皮肤病的识别	能识别犬、猫有无皮肤病。	10	
虱子识别	通过图片、多媒体或实物识别虱子。	10	
跳蚤识别	通过图片、多媒体或实物识别跳蚤。	10	
蜱虫识别	通过图片、多媒体或实物识别蜱虫。	10	
体外寄生虫防治方案的制定	制定虱子、跳蚤、蜱虫、螨虫等体外寄生虫的防治方案。	50	
合　计		100	

【知识链接】

犬、猫皮肤病是宠物日常中的常见病，美容师应能从宠物的皮毛状态来判断宠物是否健康，是否适合做美容，以此赢得宠物主人的好感并可避免美容风险。

许多皮肤病不但疗程长，而且有较高的复发率，它不仅会严重影响宠物的生活质量，还会威胁到宠物主人的健康。犬、猫皮肤病是宠物临床中常见的疾病，犬皮肤病发病率约占所有疾病的20%，猫为6%，一般在闷热的夏季多发。

一、皮肤病的主要临床症状

临床上宠物皮肤病的主要特征有瘙痒、抓挠，皮肤有红点、红斑，发炎，破溃，化脓，脱毛，被毛枯燥，暗淡无光，皮屑增多，皮肤增厚或色素沉积等。体外寄生虫感染时，有时还可以看到虫体。如果出现以上部分症状，则说明宠物皮肤健康出现了问题。

二、犬、猫常见的皮肤病

（一）体外寄生虫感染

体外寄生虫常见的有跳蚤、虱子、蜱、疥螨、蠕形螨等，对犬、猫的直接危害是吸食血液，造成动物缺血和皮肤损伤，同时伴有皮肤瘙痒、抓挠，皮肤有红点、红肿，脱毛，发炎等，严重时还可以引起皮肤增厚和色素沉积。体外寄生虫可以传播多种微生物性疾病和寄生虫，如蜱是巴贝斯虫病的重要传播媒介。

1. 跳蚤、虱子

（1）病原：跳蚤寄生于犬、猫体表或被毛间，同时可侵袭人，引起宿主局部瘙痒、红肿和过敏性皮炎。跳蚤呈褐色，雄虫长不足 1.0 mm，雌虫长可超过 2.5 mm。后足发达，善跳，可跳高 30～38 cm、远 12～23 cm，以爬行或者跳跃的方式移动。

犬吸血虱雄虫长 1.5 mm，雌虫长 2 mm，淡黄色，背腹扁平。虱子成虫和若虫寄生于动物体上，幼虫为白色，通常聚集在动物皮肤或被毛上，成虫较大，呈浅黑色。叮咬在皮肤上吸血后的虱为浅褐色。虱不仅吸血，而且使宿主瘙痒。

犬、猫的跳蚤大约有 95% 寄住在主人家中，它们的幼虫和虫卵多藏在地毯、家具和被毛上，等待再寄生。在适宜环境中大约需要 15 天可从幼蚤、结茧化蛹到发育成蚤。幼蚤以污垢、灰尘以及宠物粪便为食，成蚤以血为食。从卵中孵出后，幼蚤一般寄生在黑暗的环境中，待吸血或产卵时才会寄生在宠物身上。犬、猫通过直接接触或者到有跳蚤的地方活动而感染。猫蚤活动的季节主要在春、夏两季，尤其在雨季时，常因湿度高而使猫蚤繁殖加速。跳蚤是犬复孔绦虫的中间宿主或者传播媒介，蚤能传播传染病和寄生虫病。犬、猫携带的跳蚤还可能传染到人身上。犬的跳蚤如图 2-2-1、图 2-2-2 所示，图 2-2-1 中圆圈处小黑点是犬的跳蚤。

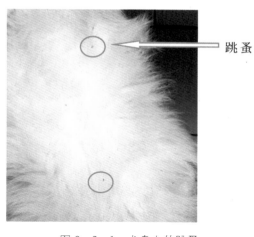

图 2-2-1　犬身上的跳蚤

图 2-2-2　犬跳蚤

（2）症状：犬、猫被跳蚤、虱子叮咬后出现过敏性皮炎，全身瘙痒，皮肤红肿，严重的形成脓皮病。蚤、虱对皮肤有强烈的刺激性，犬、猫用力抓搔，造成皮肤损伤，甚至导致犬、猫不能很好地休息、食欲降低、体重减轻，更甚者可贫血、消瘦、死亡。

（3）诊断：当发现犬、猫抓挠全身或有过敏性皮炎（特别是经常出去玩耍的犬、猫），可怀疑跳蚤或虱子感染，再进一步仔细检查宠物身体，发现跳蚤即可确诊。在长毛犬身上不易找到跳蚤，但可在被毛根部发现发亮的焦黑色颗粒粪便，也可作为跳蚤感染的诊断依据。还可在宠物身下放一张湿润的白纸，梳子梳毛时如有蚤的排泄物掉到白纸上，呈现红色或黑色，即可确诊。

（4）防治：采用梳、洗、清洁和配合药物来灭蚤、灭虱。

①梳：用密齿的蚤梳子从头到尾梳理。若有跳蚤卡在梳齿里，将跳蚤粘在胶条或放入有洗涤剂的水里杀死。若碾死跳蚤，体内的虫卵就会出来，犬、猫有可能舔食。蚤梳如图 2-2-3 所示。

②药浴：可利用杀蚤、虱除螨浴液给犬、猫洗澡药浴。

③清洁：家中进行彻底清洁，特别是角落、缝隙、地毯等地都要全面清理，床垫经常清洗暴晒。

④防虫药物：临床上常用的有防虫项圈、福来恩滴剂、灭虫宁滴剂、大宠爱滴剂、蚤不到滴剂等。各种滴剂的使用方法一般是选择在犬不容易舔食到的脖子处皮肤，用手拨开被毛，露出皮肤，把滴剂滴到皮肤上，可选择几个点分别滴上药液。用药后应过几天才能洗澡。滴剂使用方法如图 2-2-4 所示。

⑤对症治疗：皮肤擦伤的宠物要进行清创、消毒、防感染治疗，严重瘙痒的犬、猫可配合使用注射地塞咪松、苯海拉明等来止痒，继发脓皮病的需要使用抗生素来治疗。

图 2-2-3 蚤梳

图 2-2-4 在脖子皮肤处滴上药液

2. 蜱

（1）病原：蜱包括硬蜱和软蜱两大类，如成虫在躯体背面有壳质化较强的盾板，称为硬蜱，无盾板者称为软蜱。蜱寄生于多种动物体表。健康的犬通过直接接触有蜱污染的环境或已感染的动物而感染。蜱虫体呈椭圆形，未吸血时腹背扁平，背面隆起；吸饱血后胀大如赤豆。犬的蜱虫如图 2-2-5、图 2-2-6 所示。

图 2-2-5 犬身上的硬蜱

图 2-2-6 硬蜱

蜱是一种危害较大的寄生虫，是多种人畜共患病的传播媒介和贮存宿主，可传播巴贝斯虫病、巴尔通氏体病、莱姆病、埃里希体病等，并且可吸取宿主血液，严重时发生贫血，吸取血液时分泌毒素被宿主吸收，造成蜱麻痹等。

（2）症状：少数蜱的叮咬，大多数犬、猫不表现临床症状。在数量较多时，病犬、猫表现痛痒和烦躁不安，经常以摩擦、抓和舔咬的方式来希望摆脱蜱咬，常导致局部出血、发炎和角质增生，大量寄生时，可引起犬、猫贫血、消瘦和发育不良。若寄生于后肢，可引起后肢麻痹（神经毒素的作用）；若寄生于趾间，可引起跛行。当把蜱驱除掉后，犬、猫跛行仍可能会持续 1～3 天。

（3）诊断：当发现犬、猫身上有蜱的幼虫、若虫或者成虫，即可做出诊断。

（4）防治：治疗核心是除去体表寄生蜱。蜱数量不多时，用镊子拔出并处死蜱，方法是先用酒精涂在蜱虫上，使蜱头部放松或死亡，几分钟后再用镊子拔除蜱虫，注意蜱虫口器里的倒刺不能留在体内，如图2-2-7至图2-2-10所示。直接用工具将蜱虫摘除或用手指将其捏碎的方法都是不正确的，因为蜱虫在受到刺激后，会越发往体内钻，并加大剂量地释放蜱虫唾液。

当蜱数量多时，可以用0.5%敌百虫、辛硫磷等进行体表药浴、喷洒、洗刷等。福来恩滴剂、蚤不到滴剂等对蜱防治有较好的效果。除去蜱后，可采取对症治疗的方案，如对跛行严重的犬可肌内注射维生素B$_1$和维生素B$_{12}$，2次/天；对症状较严重的采取全身疗法，补充体液（葡萄糖及维生素等），注射抗生素防继发感染。

（5）防治注意事项：

①蜱是多种疾病传播媒介，犬感染蜱虫后应注意检查是否感染巴贝斯虫病、埃里希体病等。

②高峰期重预防。在蜱活动的高峰季节，尽量避免宠物进入茂密草丛，如不能避免，应定期进行犬体被毛的刷拭和药浴。

图2-2-7　酒精涂在蜱虫上

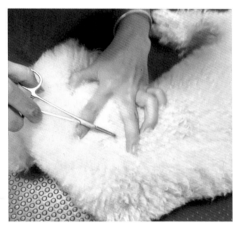
图2-2-8　镊子夹住蜱虫头部

图2-2-9　小心取出蜱虫

图2-2-10　水浸泡处死蜱虫

3. 螨虫

最常见的螨虫病有耳螨、疥螨和蠕形螨。

(1) 耳螨：是寄生在犬、猫耳道内的一种螨虫，常导致局部瘙痒、宿主摇耳，肉眼可见耳道内有褐色分泌物，用外用杀螨止痒剂经1~2周可治愈。

症状：耳螨病具有高度的传染性，犬、猫耳道内有多量红褐色或灰白色耳垢，外耳道内常有棕黑色的痂皮样渗出物，如图2-2-11所示。病犬时常摇头，用前爪使劲搔抓耳部，或用头磨蹭地面或笼具，有时向颈后上方咬，熟睡时还不时有抖耳现象。常因抓伤耳郭皮肤，造成耳部血肿，淌黄水（淋巴外渗）、发炎、痂皮和耳朵有腥臭味，严重感染时则双耳郭有厚的过度角化性鳞屑，并蔓延到头前部。若继发细菌感染，病变可深入到中耳、内耳甚至脑膜处，出现脑炎和神经症状。

(2) 疥螨和蠕形螨：蠕形螨寄生在犬、猫的毛囊和皮脂腺内，造成大量皮屑、脱毛和瘙痒，又称毛囊虫病。常见于犬，猫蠕形螨病发病率低。疥螨寄生在犬、猫的皮肤表皮内，是一种常见接触性、传染性的皮肤病。

症状：病初患部皮肤发红并有疹状小结，表面覆盖大量皮屑，进而皮肤增厚、龟裂、干燥，病犬、猫因剧烈瘙痒而出现啃咬、搔抓和摩擦患部及脱毛等现象。严重时，患部表面有黄色结痂，身上散发出腥臭味，精神焦虑，急躁不安，消瘦，食欲不振，因擦痒出现皮炎、脓疮、痂皮、皮肤粗糙等，如图2-2-12所示。

图2-2-11 犬耳螨病

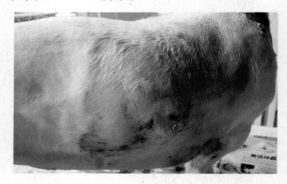

图2-2-12 患螨虫的犬

(3) 螨虫诊断。

通过临床症状脱毛、剧痒可做出初步诊断，再结合实验室检查，查出有螨虫或螨虫卵可确诊。

实验室检查方法：用刀片刮取宠物患部皮肤与健康皮肤的交界处，刮至皮肤微出血后将刮取物置于载玻片上，滴加50％甘油水溶液，加盖另一块载玻片，用手搓压载玻片，使病料散开，镜检。若患部在耳道，则用棉棒掏取病料，置于载玻片上，加一滴50％甘油水溶液，加盖载玻片并按压，使病料展开，镜检。若发现较多的活螨或虫卵即可做出诊断。疥螨如图2-2-13至图2-2-14所示，蠕形螨如图2-2-15所示。

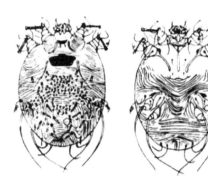

图 2 - 2 - 13　疥螨

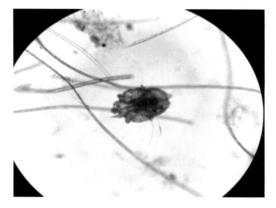

图 2 - 2 - 14　显微镜下的疥螨

图 2 - 2 - 15　显微镜下的蠕形螨

（4）螨虫的防治：

①药物应用：常用伊维菌素、阿维菌素等药物皮下注射，每隔 7～10 天重复注射 1 次，连用 3～4 次。若全身感染严重者，可配合抗生素和糖皮质激素（如醋酸泼尼松龙、地塞咪松）治疗，但糖皮质激素连用建议不应超过 3 天。

全身用药的同时如结合外用药物，效果更佳。先将宠物体表彻底洗净，在患部皮肤涂擦杀螨药（如硫黄软膏、癣螨净）或全身药浴双甲脒、辛硫磷等，连续应用 2～3 次。

感染耳螨时，先用洁耳油、棉签清除耳道内渗出物，再往耳内滴注杀螨药和抗生素滴耳液，杀螨药最好选用专门的杀螨耳剂。严重者，全身用杀螨剂。

②隔离患病犬、猫，并对同群犬、猫进行预防性治疗。对患病犬、猫的垫料、床铺、用具以及周围环境进行清洗和彻底消毒，平时保持环境干燥。

（5）防治注意事项：

①柯利犬和它们的杂交犬禁用伊维菌素或多拉菌素等产品。

②治愈后的宠物应继续隔离观察约 20 天，若未复发，再一次用药处理，方可合群。

③治疗期提供全价的营养物质，适当补充维生素和微量元素，有利于治愈。

④接触了患病宠物的手，应及时清洗干净并消毒，既保证了人体的健康，又不会将病原传给其他宠物。

（二）真菌感染

常见的真菌有马拉色菌、犬小孢子菌、须毛癣菌、石膏样小孢子菌等。癣病是因真菌感染皮肤角质层、毛和爪，引起皮肤有明显界限的脱毛圆斑、结痂等特征的疾病，临床常见于炎热潮湿的夏季。

1. 病原

犬癣病的病原70%以上是小孢子菌，其次是石膏样小孢子菌和须毛癣菌；猫癣病的病原98%以上是犬小孢子菌。

健康的犬、猫与患病的犬、猫或污染的用品、用具直接接触而感染。犬、猫与人可以互相传染。长期使用抗生素、不合适的香波、潮湿温暖的气候、缺乏阳光照射、拥挤不洁的环境，会增加犬、猫的发病率。

2. 症状

犬、猫的常发部位有颜面、颈部、躯干、四肢和趾爪，有些有瘙痒症状，甚至剧痒。一般情况下出现皮屑增多、皮肤干燥，进一步出现局灶性或多灶性脱毛，有从绿豆到硬币大小不等的圆形红斑现象，散在性斑秃与周围健康组织界限明显，形状呈圆形、椭圆形、无规则形或弥漫状等。严重时多处癣斑连成一片，波及体表大部分地方。宠物极易因瘙痒抓伤皮肤引起继发感染，在皮肤上可见到红疹、脓肿等，有的在发病后期可见脱毛区出现油性结痂。病程较急的持续2～4周，如果得不到及时治疗易转为慢性，持续数月，甚至数年之久。

3. 诊断

根据病史、典型症状和实验室检查进行确诊。观察是否出现有皮肤界限明显的脱毛圆斑、渗出和结痂等特征，并进一步做实验室检查。

（1）伍德氏灯检查：在暗室里用伍德氏灯照射患病部位，注意避开眼睛，开灯5分钟得到稳定波长后使用。犬小孢子菌感染的患处常常出现黄绿色荧光，如图2-2-16所示。但石膏样小孢子菌感染在伍德氏灯下几乎见不到荧光，须发毛癣菌感染则无荧光。

（2）显微镜检查：取洁净载玻片，用刀片刮取脱毛区和健康交界处毛发、皮屑、痂皮、浓汁等，置于载玻片上，加入10%～20%氢氧化钾溶液几滴，盖上盖玻片15分钟（软化病料）后镜检，若看到真菌孢子或菌丝则可确诊。

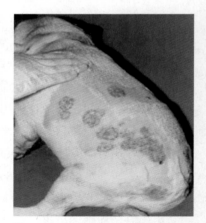

图2-2-16　伍德氏灯下的荧光
（苏珊·泰勒等，2012）

4. 防治措施

一般需要较长的时间才能康复，约1～3个月。

（1）外用药物：首先把感染部位局部剃毛，如果是重症，需要全身剃毛。

剃毛后洗去患部的痂皮和皮屑，再使用抗细菌、真菌的香波洗浴，每周 2～3 次，连用 2 周，再减少至 1 周 1 次，直至治愈。配合使用克霉唑、酮康唑、咪康唑、特比萘芬等乳膏外擦，每天 1 次，直至治愈。

（2）内服药物：感染较严重时，服用灰黄霉素、特比萘芬等药物。

（3）注射抗真菌类药物，如酮康唑注射液等。

（4）平时加强宠物营养，注意补充微量元素、多种维生素和优质蛋白质食物，同时注意犬、猫舍及用具卫生，杜绝与患病犬、猫接触，尽可能少用或不用糖皮质激素和免疫抑制剂。

5. 防治注意事项

（1）治疗时尽可能少用或不使用糖皮质激素。

（2）接触真菌感染的犬、猫后应及时洗手并消毒，避免传染，同时做好环境卫生消毒工作。

（3）定期用抗细菌、抗真菌等香波洗剂洗浴，可有效阻止癣病复发。

（三）细菌感染

1. 病原与症状

主要为葡萄球菌、链球菌、厌氧菌、假单胞菌等引起的感染，其中以中间型葡萄球菌为主，常见的有浅表性脓皮病和深层脓皮病。在临床上出现红肿、脓疱、溃疡、痂皮、瘙痒、脱毛和中间色素沉着等，如图 2-2-17 所示。根据病因可分为原发性脓皮病和继发性脓皮病两种。原发性脓皮病主要在宠物自身防御机能低下时，致病菌侵入毛囊和皮脂腺内引起发病，在临床上比较少见。继发性脓皮病主要是皮肤天然保护屏障遭到破坏后引起发病，如螨虫、跳蚤、昆虫叮咬等引起的继发感染。

2. 诊断

根据临床表现，可做出初步诊断，再结合实验室化验做出确诊。取化脓性渗出物进行涂片、细菌培养或活组织检查，明确病因。

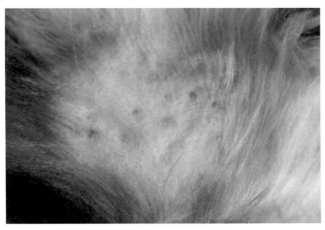

图 2-2-17　脓皮病

3. 防治措施

普通化脓感染时，可用3%的过氧化氢或温和的抗菌香波等清洗患部，除去皮肤表面的碎屑、脓痂，然后涂擦抗菌药物。症状严重的患病宠物，应注射抗菌药物进行治疗。

临床上最好根据药敏试验结果选用敏感抗生素或两周更换一种抗生素，避免出现细菌性耐药。

（四）过敏症

1. 病因与症状

过敏常见于食物过敏、跳蚤过敏及异位性皮炎等，异位性皮炎过敏源多为尘螨、花粉、纤维等。表现为瘙痒，并长期伴有慢性耳炎，趾间潮红，眼周、下巴、腋下红肿，脱毛，并因长时间发病而出现皮肤增厚、色素沉着和皮肤发炎等。出现症状的年龄在1～3岁之间较为多见。美容师在发现慢性外耳炎及趾间发红、色素过度沉着时，应先考虑过敏问题。

皮肤过敏试验有助于较准确地找到过敏源。

2. 防治措施

抗过敏物质可以缓解，但不宜长期使用，应辅以抗生素预防感染。

（五）内分泌紊乱

临床上较常见，脱毛面积较大且呈对称性，一般没有瘙痒。主要原因有甲状腺机能减退、肾上腺皮质机能亢进、未绝育的公母犬、猫性激素水平失常等。

1. 肾上腺皮质机能亢进

除头和四肢外出现对称性脱毛，被毛干燥无光，皮肤变薄，色素沉着，皮肤易擦伤出血，严重时皮肤可能出现钙化灶。

2. 甲状腺机能减退

甲状腺激素分泌不足而引起全身代谢减慢症候群。犬的躯干部被毛对称性脱毛，被毛粗糙，变脆，剃毛后可能会出现不长新毛的现象。其他反应如嗜睡、反应迟缓等。

诊断：实验室检查总甲状腺素和游离甲状腺素含量会出现降低，促甲状腺素水平升高。

3. 性激素紊乱

雄性激素或雌性激素分泌不足或过多都会引起本病。犬、猫去势是较好的预防措施。

表现为颈部、躯干、肋部、臀部、会阴部呈双侧对称性脱毛，皮肤色素沉着等。伴有乳头黑色、公犬包皮下垂、前列腺增生，母犬乳腺增大，外阴肥大，或发情周期异常、假孕等。

（六）湿疹

湿疹是致敏物质作用于动物的表皮细胞引起的一种炎症反应。患处出现红斑、血疹、水疱、糜烂及鳞屑、皮肤增厚、苔藓化等症状，可能伴发痒、痛、热等症状。

1. 病因

有内因和外因两种情况。外因主要有皮肤护理差、宠物生活环境潮湿、外界物质的刺激、昆虫叮咬等因素。内因包括各种因素引起的变态反应、营养失调，以及某些疾病使动物机体免疫力和抵抗力下降等。

2. 症状

湿疹的临床表现分为急性湿疹和慢性湿疹两种。

（1）急性湿疹主要表现为皮肤上出现红疹或丘疹，病变部位始于面部、背部，尤其是鼻梁、眼部和面部，且易向周围扩散，形成小水疱，水疱破溃后，局部糜烂。

（2）慢性湿疹病程长，皮肤增厚、苔藓化，有皮屑，瘙痒等。

3. 防治措施

采取止痒、消炎、脱敏等综合性治疗原则，同时加强营养，保持环境干燥。

（七）营养物质缺乏

长期的营养不良会引起皮毛无光泽、脱毛、皮屑增多等现象。维生素、微量元素的缺乏会引起一系列皮肤问题。

如必需脂肪酸的缺乏会出现皮肤、被毛干燥等；含硫氨基酸的缺乏会出现皮毛生长发育不良，干燥无光泽；锌的缺乏会出现皮肤干燥，增厚，并形成结痂，脱毛，角化不全，皮肤溃疡等；铜的缺乏会出现毛脱色，弯曲度消失，角化不全，被毛脱落，色素欠缺等；碘的缺乏会出现甲状腺肿大，被毛脱落等；硒的缺乏会出现脱毛症状等。

B族维生素的缺乏，也会影响宠物皮毛的健康，通常会造成皮肤干燥、易剥落，脂溢性脱毛等现象。

三、皮肤病的日常防范措施

1. 患皮肤病的犬、猫与健康犬、猫不能混用浴缸

在美容院，有轻微皮肤病的犬、猫洗浴要在专用的浴缸进行，洗后及时消毒。严重皮肤病的犬、猫及时转宠物医院治疗。

2. 做好手的消毒

接触有传染性皮肤病的犬、猫后应及时洗手并消毒，避免传染。

3. 做好废毛的处理

患皮肤病犬、猫剃除下来的被毛要及时处理掉，以免病原随毛飞散在空气中，感染人和其他动物。可以将废毛焚烧或密闭处理。

4. 衣物、器具、环境的消毒

患皮肤病犬、猫用过的梳子、电剪、剪刀、趾甲刀、浴缸、浴巾、美容桌等应及时消毒，工作结束后工作室也应及时消毒，避免病原体传给其他动物，如图 2－2－18 至图 2－2－20 所示。同时，员工的工作服也应每天清洗消毒。

图 2－2－18　工具使用后消毒

图 2－2－19　浴缸使用后消毒

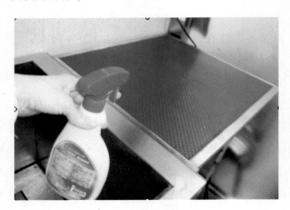

图 2－2－20　美容桌使用后消毒

项目三　美容宠物的接待

任务一　宠物的接待

任务单

项目名称	项目三　美容宠物的接待		
任务一	宠物的接待	建议学时	2
任务	模拟真实的情景，每组完成一只宠物的接待工作。		
技能	1. 制定美容宠物的接待记录单。 2. 美容宠物的外部体检和接待流程。		
知识目标	1. 了解接待宠物时的素质要求。 2. 了解与客户沟通的技巧。 3. 熟悉接待宠物时外部检查项目与接待流程。		
技能目标	1. 会制定美容宠物的接待记录体检单。 2. 会美容宠物的外部体检和接待流程。		
素质目标	具有分析问题、处理问题和解决问题的能力，有团队协作精神。		
任务描述	前台接待时，认真做好检查，记录好相关项目，是规避纠纷的必要手段。学生学习后应熟悉接待宠物时外部检查项目与接待流程，懂得接待时的注意事项。		
资讯问题	1. 美容宠物的外部体检一般包括哪些内容？ 2. 简述宠物接待流程。 3. 宠物接待时应注意哪些礼仪礼节？		
学时安排	资讯：0.5学时	计划与决策：0.5学时	实施：0.5学时　评价：0.5学时

【任务布置】

教师布置任务：模拟真实的情景，每组完成一只宠物的接待工作。

【任务准备】

（1）每组一只宠物。

（2）学生预先学习本任务知识链接中的相关知识点，教师也可先讲解相关重点内容。

【任务实施】

把学生分成 6~8 人 1 组，以小组为单位，在教师的指导下完成以下任务：

（1）查阅资料，每组制定宠物接待的实施方案。

（2）查阅资料，制定宠物接待单。

（3）在教师的组织下，每组汇报实施方案，展示制定好的宠物接待单。

（4）教师组织学生，创造真实的情景或在模拟真实的情景中，采用角色扮演法等方法实施教学，完成美容宠物的接待工作。要求每组学生完成一只宠物的接待任务。

【任务评价】

任务实施完成后，采取小组互评或教师点评等方式进行宠物接待的评价，可按下表进行评分。

宠物接待评价表

考核项目	要求	分值	得分
工作态度和纪律	积极完成任务，能团结协作。	10	
接待时的服务态度	态度是否热情。	20	
美容接待单的制定	会制定宠物美容接待单。	20	
接待流程	1. 接待过程是否自然、大方。 2. 会对宠物进行检查。 3. 会填写宠物美容接待单上的各项内容。	30	
客户满意度	客户的满意程度。	20	
合　计		100	

【知识链接】

在日常生活中，宠物主人消费前选择宠物美容院的方法一般会有两种情况，一是到店询问宠物美容的相关事项，二是电话咨询宠物美容的相关事项。针对以上不同的情况，对工作人员有不同的要求，前台接待人员应根据具体情况做好接待工作。

宠物美容院接待人员必须塑造良好的交际形象，时刻注意接待时的言行举止。举止礼仪是自我心诚的表现，一个人的外在举止行为可直接表明他的态度。美容院接待人员应做到彬彬有礼，落落大方，遵守一般的进退礼节，尽量避免各种不礼貌、不文明的习惯。

一、员工的服务礼仪

（一）仪容与仪表

（1）宠物店员工的仪表要整洁、大方，工作期间必须身穿统一工作服，不允许穿短裤、拖鞋上班，不得在店内佩戴过多饰物。

（2）上班时间员工须统一佩戴工作牌。

（3）员工发型必须符合店内文化要求。一般来说，根据宠物行业的工作特点，允许员工保留较为个性化的发型和比较时尚的染发和烫发，但不能过分时尚。发型要整洁，要定期洗剪。留长发的员工，在上班期间必须用卡子或者发箍把头发束起来或编起辫子。

（4）员工面部要保持整洁，注意多余的毛发，如胡子、鼻毛和耳毛等，要定期修剪。

（5）口腔力求无异味。

（二）礼仪与礼节

1. 接待人员举止

（1）站姿：直立站正，重心在两脚之间，挺胸收腹，腰直肩平，目光平视，面带微笑，嘴微闭，双肩放松自然下垂于身体两侧或双手交叉握于胸前（左手握右手）。站立时，双手不得叉腰，抱臂放胸前，或叉于衣袋中，脚不抖动。

女性店员站立，双脚成"V"字形，脚尖叉开成45°角；男性店员双脚分开与肩同宽。

（2）坐姿：双脚并齐，人体重心垂直向下，腰部挺起，背柱向上伸直，挺胸，平肩松，躯干与颈、髋、腿脚正对前方，手自然放在双膝上，双膝并拢，眼睛平视，面带微笑，要坐椅子的前2/3。

（3）手势：手指并拢，掌心侧向上，以肘关节指示目标，眼睛同时兼顾客人。指示目标时，面带微笑，配合语言运用。

（4）注意事项：

①尽量靠右行，不在中间走。

②与客人相遇要点头致意，并主动让路。

③在门口与客人相遇应主动拉门，让其先行，不能抢路。

④切勿前俯后仰，摇腿翘脚。

⑤脚不可搭在椅子、沙发扶手或茶几上。

2. 接听电话礼仪

（1）电话响起两声内接起。若长时间无人接电话，或让对方久等是很不礼貌的，对方在等待时心里会十分急躁，会给他留下不好的印象。如果电话铃响了五声才拿起话筒，应该先向对方道歉，若电话响了许久，接起电话只是"喂"了一声，对方会十分不满，会给对方留下不好的印象。

（2）主动问好，"您好，×××店，很高兴为您服务"。

（3）"请"字在前，"谢"字收尾。

（4）严禁说"不"，耐心解答，对顾客的语气要保持友好，对回答不上来的问题，予以记录。

（5）详细登记顾客的姓名、电话等，积极处理电话预约。

（6）接听电话的语气要亲和，有活力，体现出热情。

（7）使用礼貌用语："请您稍等""很抱歉，我是否可以帮您转达""感谢您"。

（8）等来电方挂断电话后方可挂断电话，严禁挂断顾客电话。

3. 接待顾客礼仪

（1）接待顾客主动问好。应该点头微笑致礼，"您好，请问您有什么需要?""您好，是要给狗狗洗澡吗?"或"您好，有什么需要帮助的?"询问宠物主人的需求。

（2）微笑服务，保持"3米微笑"服务，不因顾客的着装与态度而因人而异。

（3）礼貌待客，对顾客一视同仁。

（4）同顾客保持 0.5 米的距离，主动了解顾客的需求，根据顾客的需求及宠物的特点为顾客介绍适当的产品。

（5）介绍产品及服务项目要适度，避免给顾客强行推销的感觉。和顾客交谈要亲切，给顾客以宾至如归的感觉。

（6）从顾客的实际需求出发来推荐产品，避免硬性推销。

4. 谈话礼节

（1）谈话时，目光必须注视对方，表情自然，保持微笑。

（2）回答顾客问题时不能直接说不知道，应以积极的态度帮助顾客或婉转地回答问题。

（3）先要了解顾客的身份，以便使自己谈话得体，有针对性。

（4）谈衣食住行、气候旅游、体育活动，不可打听对方的收入、婚姻状况、宗教信仰、服装价格、年龄及其他私事。

（5）实事求是，不要随便回答自己不知道的事情。

（6）说话要有分寸，不可夸奖顾客过头。

（三）服务态度

做到主动、热情、耐心、周到。

1. 主动

（1）主动向宾客打招呼。

（2）主动向宾客介绍经营货品。

（3）主动向宾客介绍服务项目。

（4）主动为宾客提供方便和排忧解难。

（5）主动回答宾客提出的问题。

2. 热情

（1）态度和蔼。

（2）语言亲切。

（3）热情接待。

（4）微笑服务。

（5）对宾客如亲人，使宾客倍感温暖。

3. 耐心

（1）因业务繁忙，客人有意见或不满时，应给予最大谅解。

（2）当本人心情不愉快时，要坚决克制，不能影响工作。

（3）虚心听取宾客的意见，认真改进工作。

（4）做到百问不烦，百拿不厌，使客人满意。

4. 周到

（1）对宾客细心关怀，体贴入微。

（2）考虑宾客所需所想。

（3）为伤残人士提供便利。

二、宠物的接待方法

（一）宠物接待流程

不同需求的顾客，接待方法视具体情况而定，可参考下面的方法进行接待：

（1）顾客进门时热情、主动问好，"您好，欢迎光临×××！"（要求顾客进门后 3 秒钟内做出反应）

①新顾客："很高兴为您服务，请问有什么需要？"如果是带狗来的新顾客，"您好，狗狗真可爱，叫什么名字？"

②老顾客："您好××（直呼称谓或姓氏），您需要些什么？"如果是带狗来的老顾客，直呼狗的名字，了解顾客的消费需求。

（2）了解顾客的消费需求，根据消费需求按流程操作。

①需要美容的宠物：如果是新顾客，对主人介绍 12 项基本项目检查（见表 1），征得同意后进行操作，检查后填写宠物美容流转单（见表 1）；如果是老顾客，征得主人同意，进行 12 项基本项目检查，检查后填写宠物美容流转单。

需要现场等待的顾客，告知等候时间，请顾客在等候区等候（水、糖果到位）；不需要现场等待的顾客，告知操作时间，做好顾客档案登记；告诉顾客收费标准，明确收费情况。

②购买产品的顾客：向顾客适时推荐、介绍产品（带宠物来的顾客，根据检查结果适时推荐）。

（3）服务完毕，送顾客到大门口，并说"欢迎下次光临"。

表1 宠物美容流转单（举例）

年　月　日　时　分		
客户名称/会员卡号：　　　联系电话：　　　爱宠名字：		
美容师：＿＿＿＿＿＿、＿＿＿＿＿＿		
服务项目：＿＿＿＿＿＿		
12项基本项目	1. 外观（精神状态）	7. 牙齿
	2. 被毛	8. 牙龈
	3. 皮肤	9. 耳朵
	4. 鼻子	10. 四肢
	5. 眼睛	11. 肛门
	6. 口气	12. 体形
12步洗护流程	第一步：消毒浴池	第七步：护毛液护理
	第二步：耳朵及耳道清洁	第八步：吹风拉毛
	第三步：梳理毛发	第九步：剃脚底毛
	第四步：剪趾甲	第十步：剃腹底毛
	第五步：眼睛清洁	第十一步：肛门位周围毛修剪
	第六部：洗浴清洗	第十二步：检查修理
备注：　　　　　　　消费金额：		
审核人签字：＿＿＿＿＿＿　　客户签字：＿＿＿＿＿＿		

表1中12项基本项目的检查说明：主要观察每个项目属于以下哪种情况，检查后把每个项目的检查结果填写于表格中。12项基本项目检查方法如下：

1. **外观**

检查整洁度、精神状态、攻击性。

（1）是否整洁：大概多长时间没有做过护理，通过外观的判断可以大概了解宠物主人对宠物在意的程度。

（2）精神状态：检查宠物是否活泼好动、反应灵敏、双眼有神，是否精神不振、嗜睡、喜卧、双眼无神、沉郁、昏迷等。

（3）攻击性：温顺；怕生；抗拒；狂躁；具有强烈攻击性；性格不稳定等。

（4）有无伤口：注意其有无疼痛现象，有无外伤等，洗澡前一定要确认犬是否正常，如发现有问题，即使是非常细微的伤口，都应及时告诉犬主。以免发生纠纷。

2. 被毛

检查毛结、毛质、脱毛情况。

（1）毛结：正常；少量毛结；中等毛结；大量毛结；饼状结。

（2）毛质：正常；干枯；柔顺。

（3）脱毛：无；少量脱毛；中度脱毛；大量脱毛。

3. 皮肤

检查皮肤颜色，皮肤状态，是否有皮屑，气味是否正常，是否有体外的寄生虫。

（1）颜色：正常；有少量色斑；有大量色斑。

（2）状态：有肿胀；正常；有脱水等。

（3）皮屑：正常；少量皮屑；大量皮屑。

（4）气味：正常；有体臭；有恶臭。

（5）寄生虫：有无跳蚤、虱子、蜱虫、蠕形螨、疥螨等。

4. 鼻子

检查宠物的鼻镜是否干燥，有无鼻液，颜色是否正常。

（1）鼻镜：干；湿；热；凉；角质化。

（2）鼻液：干燥；正常；浆液；黏液；浓性黏液。

（3）颜色：黑色；肉色；白色；其他颜色。

5. 眼睛

检查宠物的眼结膜、第三眼睑、眼角膜、分泌物、泪痕、瞳孔、睫毛。

（1）眼结膜：潮红；苍白；发绀；黄染；充血；外翻；内翻。

（2）眼角膜：正常；浑浊；溃疡；充血；水肿。

（3）分泌物：正常；浆液；黏液；浓性黏液。

（4）泪痕：无泪痕；轻微泪痕；明显的泪痕。

（5）瞳孔：正常；散大；缩小；光感度是否正常。

（6）睫毛：正常；有逆睫倒睫。

（7）第三眼睑：正常；增生。

6. 口气

检查舌头、口气是否异常。

（1）舌头：红润；苍白或黄染。

（2）口气：正常；腐臭或恶臭。

7. 牙齿

检查是否有结石，牙釉质是否缺损，数量是否有异常。

（1）结石：正常；少量；大量。

（2）牙釉质：正常；有缺失。

（3）牙齿数量：正常；缺失；有双排牙。

8. 牙龈

检查牙龈是否正常。

牙龈：红润；苍白；黄染；红肿；溃疡；出血；紫癜等。

9. 耳朵

检查耳郭、分泌物、耳毛、气味等。

（1）耳郭：正常；红肿；溃烂；血肿。

（2）耳毛：有；无。

（3）气味：正常；恶臭；腐臭。

（4）分泌物：正常；黑色分泌物；脓性分泌物；出血等。

10. 四肢

检查步态、姿势、对称性、活动性、脚垫等。

（1）步态：正常；共济失调；臀部摇摆；直走撞墙；转圈移动；跛行。

（2）姿势：正常；站立困难；蹲卧立行。

（3）脚垫：正常；变硬角质化。

（4）对称性：对称；不对称；前肢 O 形；后肢 O 形；前肢 X 形；后肢 X 形。

（5）活动性：正常；活动受限；肿大；疼痛。

11. 肛门

检查是否红肿，是否肿胀，是否有粪便黏在毛上，气味正常与否。

（1）红肿：有；无。

（2）肿胀：正常；肿胀。

（3）气味：正常；有臭味；有肛门腺的味道。

（4）是否有粪便黏在毛上：有或无。

12. 体形

检查宠物的营养状况、胖瘦等。

（1）营养：差；良；过量。

（2）胖瘦：消瘦；偏瘦；正常；偏胖；肥胖。

（二）宠物接待注意事项

（1）当主人把宠物带进店里时，要以宠物为优先，你可以先和犬、猫打招呼并夸奖它，之后再与犬、猫主人打招呼，这样可以让主人认为你很重视他（她）的宠物。

（2）最好能问清宠物的名字、年龄（生日）、性别，并且一定要记住宠物的名字。

（3）提前与主人说清美容价格及美容要求，并问清主人姓名和电话，便于随时找到宠物主人。

（4）在接触宠物时，要一边和它说话或和主人说话，一边做简单检查，观察宠物是否健康。主要观察宠物走路的姿势，毛发是否有毛结，犬、猫的耳朵、皮肤、眼睛、鼻子、肛门附近是否有异常。

（5）在给宠物做美容前如发现有健康问题要仔细告诉主人，在美容过程中发现的问题要随时告诉主人。

（6）不管来的宠物有多么难看，都不能说它不好看，而要夸奖它。

（7）如果没有留下主人电话，那么当主人来接宠物时，在美容过程中发现的问题一定要告诉主人。

（8）当宠物不合作时，可以让主人帮你把它抱到美容桌上，或在美容过程中让主人帮你控制。

任务二　陌生犬、猫的接近

任务单

项目名称	项目三　美容宠物的接待			
任务二	陌生犬、猫的接近	建议学时		2
任务	接近一只陌生犬或猫。			
技能	陌生犬、猫的接近。			
知识目标	熟悉接近陌生犬、猫的方法。			
技能目标	会接近陌生犬、猫。			
素质目标	具有分析问题、处理问题和解决问题的能力，有团队协作精神。			
任务描述	接近陌生犬、猫是美容工作的开始，因此熟悉接近陌生犬、猫的方法是对宠物美容师的最基本要求。			
资讯问题	1. 如何接近中小型犬？ 2. 如何接近大型犬？ 3. 接近陌生犬、猫需要注意的事项有哪些？			
学时安排	资讯：0.5学时	计划与决策：0.5学时	实施：0.5学时	评价：0.5学时

【任务布置】

教师布置任务：接近一只陌生犬或猫。

【任务准备】

（1）宠物犬、猫若干只。

（2）学生应预先学习本任务知识链接中的相关知识点，教师也可先讲解相关重点内容。

【任务实施】

把学生分成 2~3 人 1 组，以小组为单位，在教师的指导下完成以下任务：

（1）查阅资料，每组制定出接近陌生犬、猫的实施方案。

（2）教师组织学生在模拟真实的情景中，采用角色扮演法等方法实施教学，完成陌生犬、猫的接近任务。

【任务评价】

任务实施完成后，采取小组互评或教师点评等方式进行评价，可按下表进行评分。

陌生犬、猫接近评价表

考核项目	要求	分值	得分
工作态度和纪律	积极完成任务，能团结协作。	10	
大型犬的接近	接近方法是否正确。	20	
小型犬的接近	接近方法是否正确。	20	
猫的接近	接近方法是否正确。	30	
犬、猫接近注意事项	能说出接近陌生犬、猫的注意事项。	20	
合　计		100	

【知识链接】

作为一位宠物美容师或前台接待人员，不可避免地要接待陌生犬、猫。这时，不管作为美容师还是前台，都必须对不同品种犬、猫的性格有所了解。对于陌生宠物，切不可马上伸手去抚摸和搂抱，以免受到无谓的伤害，我们必须先要取得犬、猫的信任。如何做到这一点呢？这就要求我们能够胆大、心细，及时和宠物主人沟通，了解宠物的性格及基本信息（昵称、年龄等），然后再试探性地接近宠物。

一、陌生犬的接近

接近陌生犬可以采用以下"五步法"进行操作：

1. 了解

向主人了解犬的特点，如是否咬人，脾气暴躁还是温和，有无特别敏感部位不能让人接触等。

2. 接近

面对陌生的犬，回避其目光，向其发出接近信号（如呼唤犬的名字或发出温和的呼声，以引起犬的注意），然后一边观察其反应，一边侧面慢慢接近。如果宠物发出"呜呜……"不同意的警告，切不可靠近。

3. 试探

面对大型犬，需要弯腰，将拳头伸出，让犬嗅你的气味，但不可以蹲下。面对中小型犬则可以蹲下与犬平视，把手握成拳头，用手背靠近犬的鼻子，让它闻你的气味（如图3-2-1、图3-2-2所示），同时观察犬的眼神是否有敌意，如果没有敌意，握成拳头的手则顺势打开，用手掌轻抚犬的下颌部位。

图3-2-1　大型陌生犬的接近　　　　　图3-2-2　小型陌生犬的接近

4. 接触

经过试探发现犬没有敌意后，用手掌轻轻抚摸犬头部或背部，动作幅度不要过大，并密切观察其反应，待其安静后方可进行美容操作。在没有把握的情况下触摸或者靠近其头部，有可能会让犬感到危险，进而可能有攻击行为。

5. 交流

跟犬亲切、友善、温和地交流。虽然犬听不懂你说的语言，但是可以从你的表情、语气、语调感知你的态度。

二、陌生猫的接近

猫的脾气与犬完全不同，用与犬交流的方法跟猫交流是行不通的，而且猫不会听从人的指令，也不容易用绳子控制。接近猫前先向主人了解猫的性格特点，如是否抓人、咬人等，然后轻轻呼唤猫的名字，友善、温和地和它交流，轻轻抚摸猫，观察其反应，当猫没有恶意时，才将猫轻轻抱起，开始美容操作。

猫对响声或突然的噪声非常敏感，因此美容的环境一定要安静。美容过程中的动作一定要温柔，不要吓到猫，根据猫的脾气、反应随机应变进行操作。

三、接近陌生犬、猫注意事项

（1）对于陌生犬、猫，切不可马上伸手抚摸和搂抱。

（2）做到胆大、心细，心态要平和。

（3）语气要温柔。

（4）动作不要太快。

（5）注意观察犬、猫的反应。

【案例分析】

一位女士带着自己的犬施施到宠物美容店美容。新来的实习生小何很兴奋地迎了上来，他刚要用手抚摸施施的头，不料施施却猛地向他扑了过来，幸亏主人反应灵敏拉紧了牵引绳，才使小何免受施施的攻击。请你分析一下，施施攻击小何的原因，并针对如何接触陌生犬给小何提出合理的建议，提示他遇到陌生犬时应如何接近。

项目四 犬、猫的美容保定

任务单

项目名称	项目四 犬、猫的美容保定		
任务	犬、猫的美容保定	建议学时	2
任务	1. 保定工具的识别。 2. 犬的美容保定。 3. 猫的美容保定。		
技能	犬、猫的保定。		
知识目标	1. 了解犬、猫安全操作的必要性。 2. 了解犬、猫安全操作工具的种类。 3. 熟悉犬、猫美容时的安全操作方法。		
技能目标	会美容犬、猫的保定。		
素质目标	具有分析问题、处理问题和解决问题的能力，有团队协作精神。		
任务描述	犬、猫保定是否恰当，会直接影响到能否顺利进行操作，更关系到宠物和人的安全。学会犬、猫常用的美容保定方法，是美容工作的基础。		
资讯问题	1. 如何对犬、猫实施心理战术保定？ 2. 如何用工具对犬、猫进行保定？		
学时安排	资讯：0.5 学时	计划与决策：0.5 学时	实施：0.5 学时	评价：0.5 学时

【任务布置】

教师布置任务：

（1）保定工具的识别。

（2）犬的美容保定。

（3）猫的美容保定。

【任务准备】

（1）犬、猫若干只。

（2）绷带、伊丽莎白项圈、美容桌、嘴套等。

（3）学生应预先学习本任务知识链接中的相关知识点，教师也可先讲解相关重点内容。

【任务实施】

把学生分成2～3人1组，以小组为单位，在教师的指导下完成以下任务：

（1）按组查阅资料，认识各种常用的保定工具，并学习犬、猫常用的保定方法。

（2）在教师的指导下，各小组练习以下各种保定方法：

①练习犬、猫的心理战术保定法。

②练习徒手保定法。

③练习用工具（绷带、伊丽莎白项圈）对犬、猫进行保定。

【任务评价】

任务实施完成后，采取小组互评或教师点评等方式，对美容犬、猫的保定方法进行考评，可按下表进行评分。

美容犬、猫保定评价表

考核项目	要求	分值	得分
工作态度和纪律	积极完成任务，能团结协作。	10	
犬、猫心理战术保定	能用语言、动作等对犬、猫进行心理战术安抚。	20	
犬怀抱保定	会修剪趾甲、掏耳朵时的怀抱保定。	20	
猫徒手保定	熟练掌握猫的徒手保定方法。	10	
犬、猫的工具保定	会三种常用工具的保定方法。	40	
合　计		100	

【知识链接】

给宠物美容时，有时会出现宠物反抗、不配合甚至咬人现象，这使得美容活动难以开展，也可能会误伤宠物。所以，往往需要使用人力、语言、工具等方法限制宠物活动。如果采用不适当的控制手段，比如用责骂、体罚方式使宠物就范，很容易使宠物讨厌美容，甚至可能对人仇视和伺机报复。因此，美容时采取恰当的安全操作方法是非常必要的。

一、心理战术保定法

宠物美容是循序渐进的长期行为，应从幼龄阶段开始让宠物习惯美容的各项操作。让宠物从行为心理上配合和喜欢美容，是最基本的安全操作方法，也是最有效的操作方法。

（一）使宠物放轻松

通常犬、猫对不熟悉的人和环境容易感到紧张和不安，还会攻击或逃跑，美容师要表现出善意和耐心，争取宠物的合作。当你还是陌生人时，不应要求宠物立即亲近你。碰到宠物恐惧和不配合时，不应对宠物过于严厉，否则宠物容易有逆反心理。美容师温和、甜美的声音，容易让宠物安静下来。如果犬总是安静不下来，试着用严厉的语调对它说话。

一些因紧张、害怕、没有主动攻击行为的狗狗，常见其有蜷缩身体、夹紧尾巴、后拉嘴巴、耷拉耳朵、半趴前肢等的服从行为。面对这样胆小的狗狗，接触时给予它安全感，态度要温和，表扬或轻抚其后背，或适当给予零食。

（二）使用小技巧

1. 零食收买
对待贪吃的宠物，零食收买是非常有效的。如让宠物在刚刚见到你时就获得小零食，就能把你和食物联系在一起。美容过程中可适当给予一点零食，但给予太频繁反而会宠坏宠物，效果适得其反。

2. 带宠物外出散步
对喜欢户外活动的宠物，经过主人同意后，利用在空闲时间里带其外出散步，增进感情。

3. 陪同游戏
对喜欢玩具的宠物，待与宠物熟悉后，可与宠物进行一些简单的游戏。

4. 与其主人亲近
亲近宠物的主人，有时宠物会对你减少戒心，甚至会对你产生好感。但不能与主人打闹，免得宠物认为是在欺负主人而对你反感。

（三）心理安抚，快速修剪

美容过程中要使宠物好好配合，安抚情绪非常关键。美容操作前、中、后都应该用"可爱、听话、好乖"等语言对宠物进行表扬、鼓励，给其安全感，切不可责骂。美容结束后可适当给宠物一些小点心作为鼓励，宠物就会对美容有好感和期待。在安抚宠物情绪的同时，要抓住机会快速修剪。如果修剪时间过长，或保持同一姿势过久，宠物就会反抗和不耐烦。如果宠物对洗澡、刷牙等有恐惧感，非常不配合，耐心教导后，可两个人一起快速操作，一人负责抓住宠物，限制其活动，另一人快速给宠物美容。

二、工具保定法

为了安全起见，美容时可做适当的保定。特别对于一些有攻击性倾向的犬、猫，美容操作时可能极不配合，为了防止被咬，需要做适当的保定。当宠物怒目圆睁、龇牙咧嘴或发出"呜呜……"的呼声时，应特别小心，立即停止操作，先进行保定。保定方法视具体情况而定。

常用的保定工具主要有绷带、伊丽莎白项圈、美容桌保定杆、嘴套等，猫美容的保定常用的工具是伊丽莎白项圈。

1. 绷带保定

（1）长嘴犬的保定方法：取适当长度的绷带条或纱布条在中间绕两个相反方向的圈，然后把两个圈重叠，套在犬嘴上，在下颌下方拉紧，然后将两个游离端拉向耳后，在颈背侧枕部收紧打结，如图4-1-1至图4-1-6所示。

（2）短嘴犬的保定方法：取适当长度的绷带条或纱布条在其1/3处绕两个相反方向的圈，然后把两个圈重叠，套在犬嘴上，在下颌下方拉紧，然后将两个游离端拉向耳后，在颈背侧枕部收紧打结，再将其中长的游离端引向鼻侧，穿过绷带圈，再返转至耳后与另一游离端收紧打结，如图4-1-7所示。

图4-1-1 绕两个里外相反的圈

图4-1-2 将里外两个圈重叠

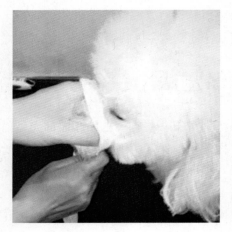

图4-1-3　将重叠后的绷带圈套在嘴上

图4-1-4　在下颌下方拉紧绷带圈

图4-1-5　绷带两端拉至颈背侧枕部收紧打结

图4-1-6　长嘴犬的绷带保定

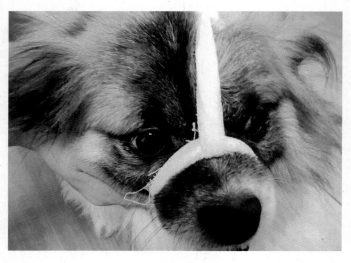

图4-1-7　短嘴犬的绷带保定

2. 伊丽莎白项圈保定

选择合适大小的伊丽莎白项圈，围成圆环套在犬、猫颈部，然后利用项圈上面的粘带将其固定，形成前大后小的漏斗状，松紧度以能插入一个手指为宜，不能太紧或太松。如图4-1-8、图4-1-9所示。

图4-1-8　猫的项圈保定

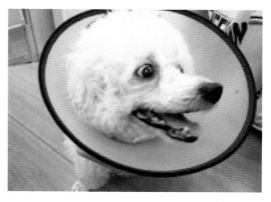
图4-1-9　犬的项圈保定

3. 嘴套保定

选择合适的嘴套给犬戴上并系好，如图4-1-10、图4-1-11所示。

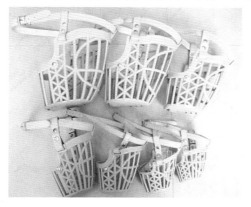
图4-1-10　犬嘴套

图4-1-11　犬的嘴套保定

4. 美容桌保定杆保定

宠物美容时，可利用美容桌的保定杆进行保定。切不可在没有保定的情况下把宠物单独留在美容桌上，以免跳下来引起损伤。

（1）前躯保定：将做成活套的牵引绳绕过犬的一个前肢，把活套收紧，并把牵引绳系在美容桌的保定杆上，如图4-1-12所示。修剪后躯或头部时，可采用此法保定。

（2）后躯保定：将牵引绳套在犬的腰部，并把牵引绳系在美容桌保定杆上，如图4-1-13所示。一般用于修剪前躯与头部时防止犬坐下。

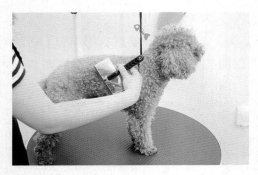 

图 4-1-12　美容桌保定杆前躯保定法　　　　图 4-1-13　美容桌保定杆后躯保定法

三、修剪趾甲时的保定

1. 小型宠物犬

修剪趾甲时，对于比较配合的犬，可以采用站立保定，往往一个人即可独立完成。

修剪前肢趾甲时常用的保定方法，如图 4-1-14 所示；修剪后肢趾甲时常用的保定方法，如图 4-1-15 所示。

图 4-1-14　修剪前肢趾甲的保定　　　　　图 4-1-15　反身保定法

给犬、猫剪趾甲时，对于一些不安定的犬、猫，可由一位助手协助保定完成操作。小型犬、猫怀抱保定常用的保定方法，如图 4-1-16、图 4-1-17 所示。

图 4-1-16 小型犬剪趾甲时的怀抱保定

图 4-1-17 猫剪趾甲时的怀抱保定

2. 大中型宠物犬

配合度好的犬，可以抬起犬的脚来修剪，也可以将犬轻放躺在美容桌上侧卧保定修剪，如图 4-1-18 所示。不配合的犬则需要助手协助保定。

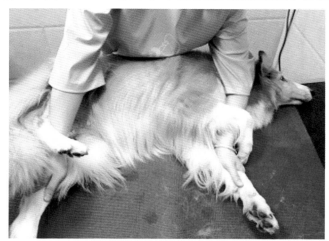

图 4-1-18 犬的侧卧保定

图 4-1-19 剃腹毛时的保定方法

四、剃腹底毛时的保定

剃腹底毛时一只手抬起宠物两前肢，让其后肢站立，另一只手持电剪操作，如图 4-1-19 所示。如果犬体形太大，可由助手协助抬起两前肢。

五、清理耳朵时的保定

1. 合作的宠物

一只手抓住宠物耳朵和头部的毛发，控制头部，另一只手清理耳朵，如图 4-1-20

所示。

　　2. 不合作的宠物

　　不合作的犬在掏耳朵或拔耳毛时，需戴上口笼或用绷带保定防咬，也可以由助手怀抱固定头部，再进行操作。如图4-1-21、图4-1-22所示。

图4-1-20　清理耳朵时的保定

图4-1-21　小型犬清理耳朵时怀抱保定

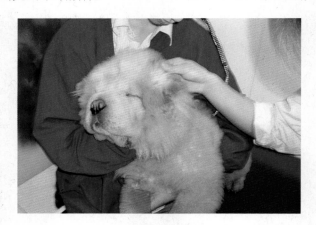
图4-1-22　中大型犬清理耳朵时怀抱保定

六、猫的保定

　　猫是非常敏感的动物，容易受到惊吓，不容易用绳子、嘴套等工具进行保定。美容过程中应避免突然的声音惊吓到猫，吹风时不要使用噪声大的吹水机，不要发生突然的尖叫，美容的环境一定要安静。

　　猫的美容保定，一般采用语言保定法和伊丽莎白项圈保定法较多。伊丽莎白项圈保定法见前面图4-1-8、图4-1-17。语言保定法是指用温和的语言和猫说话，使它们的情绪安定。

项目五　宠物美容工具的使用与保养

任务一　美容工具的识别

任务单

项目名称	项目五　美容工具的使用与保养		
任务一	美容工具的识别	建议学时	2
任务	识别宠物常用的各种美容工具（钢丝刷、木柄针梳、排梳、蚤梳、分界梳、鬃毛刷、解结刀、电剪、吹水机、吹风机、趾甲钳、止血钳、趾甲锉、直剪、弯剪、牙剪、鱼骨剪、吸水毛巾、牙刷、烘干箱等）。		
技能	1. 认识宠物常用的美容与护理工具。 2. 根据宠物美容与护理的任务正确选择工具。		
知识目标	熟悉宠物美容常用的工具。		
技能目标	1. 认识宠物美容与护理常用的工具。 2. 会根据宠物美容与护理的任务正确选择工具。		
素质目标	培养辩证逻辑思维、独立学习、调查分析的能力。		
任务描述	认识宠物美容与护理的工具，了解其作用是保证工具能被正确使用的前提。学生学习后应能认识宠物美容与护理常用的工具，知道各种工具的作用及其使用范围。		
资讯问题	1. 宠物美容与护理常用工具有哪些？ 2. 常用美容工具的作用和使用范围分别是什么？		
学时安排	资讯：0.5学时	实施：1学时	检查：0.5学时

【任务布置】

教师布置任务：识别宠物常用的各种美容工具（钢丝刷、木柄针梳、排梳、蚤梳、分界梳、鬃毛刷、解结刀、电剪、吹水机、吹风机、趾甲钳、止血钳、趾甲锉、直剪、弯剪、牙剪、鱼骨剪、吸水毛巾、牙刷、烘干箱等）。

【任务准备】

（1）宠物常见的各种美容工具。

（2）长毛犬和短毛犬若干只。

（3）学生应预先学习本任务知识链接中的相关知识点，教师也可先讲解相关重点内容。

【任务实施】

把学生分成2～3人1组，以小组为单位，在教师的指导下完成以下任务：

（1）各组查阅资料，认识各种常用的宠物美容工具。

（2）在教师的指导下，根据护理项目选择合适的工具：

①选择刷毛、梳毛和开毛结工具。

②选择趾甲修剪工具。

③选择耳部护理工具。

④选择牙齿护理工具。

【任务评价】

任务实施完成后，采取教师点评等方式进行美容工具识别与选择的评价，可按下表进行评分。

宠物美容工具的识别与选用评价表

考核项目	要求	分值	得分
工作态度和纪律	积极完成任务，能团结协作。	5	
各种梳子的识别	能识别针梳、木柄针梳、排梳、蚤梳、分界梳、鬃毛刷等几种常用梳子。	12	
各类剪刀的识别	能识别直剪、弯剪、牙剪3种剪刀。	15	
吹水设备识别	能识别吹水机、吹风机。	6	
趾甲修剪工具识别	能识别趾甲钳、趾甲锉，并且能说出工具的用途。	10	
刷毛工具的选用	能正确选择长毛犬刷毛工具，能正确选择贵宾犬、比熊等犬种的刷毛工具。	20	
梳毛工具的选用	能正确选择梳毛工具。	10	
吹毛工具的选用	正确选择吹水工具与拉毛工具，并且能说出工具的用途。	14	
开结工具的选用	能正确选择开毛结的工具。	5	
耳部护理工具的选用	能正确选用止血钳，且能说出止血钳的用途。	3	
合　计		100	

【知识链接】

随着我国宠物行业的发展，宠物的饲养在普通家庭已日趋普遍，宠物的洗护与美容也从家庭式护理逐渐走向职业化护理。宠物美容工具的使用也由非专业性、非规范性逐渐走向专业化和规范化。市场上可供选择的宠物美容工具和器材种类繁多，拥有好的工具以及正确地使用各种工具，是保证美容师能出色完成任务的先决条件。宠物美容常用工具介绍如下。

一、梳毛工具

1. 钢丝刷（针梳）

如图 5-1-1 所示，由于刷毛部分由金属齿针构成，故也叫针梳。柄端有塑料制品、木头制品等，齿针与底板之间放置有气囊，在梳理时可使针尖自如伸缩，起到缓冲作用，避免齿针压迫皮肤。金属材质的齿针细长且不易折断，更有利于毛结的解开。

（1）用途：打开缠结的被毛、去除死毛、刷除毛发灰尘及脏物、拉直毛发等。

（2）规格：常见的有大号、中号、小号三种规格。应根据宠物大小选用合适尺寸。

说明：好的针梳针部呈"〈"形，钢针尖端平整，胶板与钢针密合且有一定弹性。

2. 鬃毛刷

如图 5-1-2 所示，刷毛部分由动物鬃毛制成，市面上也有用塑料制品制成的，有大小不同型号。刷毛部位柔软性好，只能梳理被毛的表面，适用于短毛犬的梳理，可去除皮屑、脏物及杂毛，经常使用可使被毛变得光滑、有亮泽。

图 5-1-1　钢丝刷

图 5-1-2　鬃毛刷

3. 美容师梳（排梳）

如图 5-1-3 所示，美容师梳又称为排梳或阔窄齿梳，梳齿一半为密齿，一半为阔齿。

用途：用于梳通顺刷过的被毛，也用于修剪造型时的挑毛。用美容师梳梳毛前必须先刷毛。

阔齿端：用于梳理刷过的被毛和修剪时的挑毛。

密齿端：检查有无小毛结，梳理刷过的被毛。

4. 分界梳

如图 5-1-4 所示，分界梳也称挑骨梳，梳柄末端细尖，利于分界。主要用于长毛犬背部分线、犬只的扎髻扎毛等。

5. 蚤梳

如图5-1-5和图5-1-6所示，梳齿为金属材质或塑料材质，排列紧密。

用途：用于剔除被毛中的跳蚤、虱子，也可用于面部毛发梳理，能更有效地去除眼部周围粘有的脏物。

图5-1-3　美容师梳

图5-1-4　分界梳

图5-1-5　双排齿蚤梳

图5-1-6　单排齿蚤梳

6. 木柄针梳

柄端多为木制品，梳身底部为弹力胶皮垫，上面均匀排列若干金属针，如图5-1-7所示。

用途：用于梳理犬只毛发，用于长毛犬种，可将其毛发梳理通顺。

图5-1-7　木柄针梳

图5-1-8　开结梳

二、解结刀

如图5-1-8所示，不锈钢梳齿扁宽、锋利似刀片，可更换，柄部可是塑料材质。解结刀也称为开结梳。

用途：主要用于有严重毛结的被毛开结，其锐利的刀刃可以快速省力地打开毛结，且不伤到皮肤。

三、拔毛刀

如图 5-1-9 所示，主要用于梗类犬拔除绒毛，一般用于赛级犬的美容上。拔毛后可使毛质硬化，以符合梗类犬或刚毛犬的毛质要求。

拔毛刀为齿状刀，齿的深浅有七种规格，不同规格用于不同部位被毛的拔除。细齿拔毛刀主要用于头部、颈部、尾、大腿内侧的被毛拔除，粗齿拔毛刀主要用于躯干被毛拔除。

四、刮毛刀

如图 5-1-10 所示，刀片可更换，规格从 6~33 片不等，也有大小之分。主要用于被毛的打薄，去掉身上的绒毛。刀片间距大的适用于双层类型的被毛，中等间距的规格适合于丝质类型的被毛，间距小的适合于刚毛型被毛。需注意的是不能过度使用刮毛刀，否则可能会因被毛过薄而影响造型效果。

图 5-1-9　拔毛刀

图 5-1-10　刮毛刀

五、电剪

如图 5-1-11 所示，主要用来剃除宠物的毛发。进行全身剃毛时，可根据留毛长度不同，配合使用不同型号的电剪刀头或限位梳。许多国产品牌的电剪都配有限位梳，如图 5-1-12 所示，主要用于控制被毛的留毛长度。限位梳根据留毛的长度可以分为很多种规格，市面上常见的有 3 mm、6 mm、9 mm、12 mm 等几种长度规格。

图 5-1-11　电剪、电剪油、清洁刷

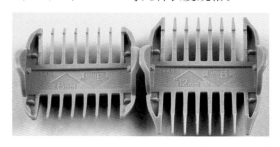

图 5-1-12　电剪限位梳

65

进口品牌的电剪刀头根据留毛的长度有多种型号，常用的有 2F、3F、4F、7F、10F、15F、30F、40F 等。如图 5-1-13、图 5-1-14 所示。

图 5-1-13　进口电剪、刀头　　　　　　图 5-1-14　电剪刀头

市面上不同品牌的电剪应配合相同品牌的刀头使用。不同品牌的电剪，相同型号的刀头留毛长度可能会有一点小差别。以美国安迪斯（Andis）电剪为例，各种型号刀头留毛长度如下：

40F：留毛长度为 0.25 mm，用于剃足底及肛门周围的毛。

30F：留毛长度为 0.5 mm，用于剃足底及肛门周围的毛。

15F：留毛长度为 1.2 mm，用于可卡和雪纳瑞等犬种耳部被毛，贵宾犬面部被毛、脚底毛等的剃除。

10F：留毛长度为 1.6 mm，使用范围广，适用于犬的全身剃毛和腹底毛的剃除，可接近皮肤自然颜色且不伤皮肤。

9F：留毛长度为 2 mm。

7F：留毛长度为 3.2 mm，适合于长毛犬或卷毛犬的短型剪法，7F 刀头还可用于剃梗类犬及可卡犬背部的毛。

5F：留毛长度为 6.4 mm。

4F：留毛长度为 6.9 mm，用于贵宾犬、北京犬、西施犬等犬种身躯的修剪。

3F：留毛长度为 13 mm，用于犬夏装的修剪。

2F：留毛长度为 16 mm，用于犬夏装的修剪。

全身剃毛时，可根据主人的需求，选择 2F 至 7F 的刀头剃毛。

六、剪刀

剪刀是美容造型的重要工具，市场上的剪刀有不同的尺寸。常用的剪刀主要有 3 种类型：直剪、弯剪和牙剪。剪刀的型号是根据剪刀刀刃长短划分的，比如有 8.5 寸（1 寸≈3.3 厘米）、8 寸、7.5 寸、7 寸、6 寸等；型号越大，刀刃越长，一次可剪毛量越多。

1. 直剪

直剪是修剪造型最主要的工具，如图 5-1-15 所示，常用的规格有 5 寸、6 寸、7

寸、7.5 寸、8 寸和 8.5 寸等。5 寸和 6 寸小直剪一般用在一些细节部位的修剪，如头部或脚部等部位，它的尺寸更小，更便于操控。当要修剪全身被毛时，应选择 7 寸以上的直剪。

2. 弯剪

一种特殊功用的剪刀，主要用于修剪出圆形、弧形的线条，或者用于一些特殊部位的修剪，如图 5-1-16 所示。

3. 牙剪

牙剪有一面刀刃为梳齿状，可剪出被毛的层次或将被毛打薄，故也称为打薄剪，如图 5-1-17 所示。

4. 鱼骨剪

因其梳齿状刀刃形似鱼骨而称为鱼骨剪。刀刃与牙剪相似，功能与牙剪也基本相同，可剪出被毛的层次或将被毛打薄。常用于胎毛修剪、被毛打薄等，一些不容易修剪平整的被毛用鱼骨剪可修剪出很好的效果。如图 5-1-18 所示。

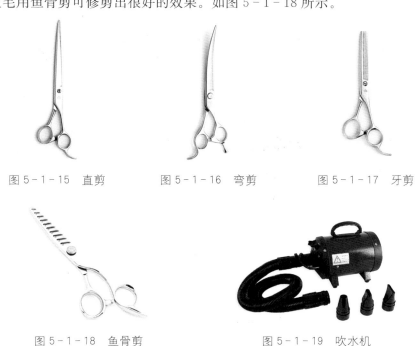

图 5-1-15　直剪　　　　图 5-1-16　弯剪　　　　图 5-1-17　牙剪

图 5-1-18　鱼骨剪　　　　　　图 5-1-19　吹水机

七、吹水机

如图 5-1-19 所示，吹水机用于宠物洗澡后快速吹去被毛上的水分。由于吹水机功率较大且风力强，通常宠物洗澡后先用吹水机快速吹去被毛上大部分的水分，再用吹风机彻底吹干并拉直被毛。许多吹水机风力有弱、中、强三种档位，并且还有冷风和热风的选择。对于比较胆小的宠物，可以先用弱风吹，适应后再逐渐加强风力。

八、吹风机

用于宠物洗澡后被毛的干燥，一般先用吹水机吹去大部分水分后再使用，用吹风机吹毛时要配合用梳子拉毛。吹风机的种类有以下几种：

1. 立式

如图5-1-20所示，有立式支架能立于地面，高低可调节。支架有滑轮脚架，可以四处移动，出风口可360°调整，操作方便。

2. 挂壁式

如图5-1-21所示，可固定于墙壁，有可移动的吊臂，吊臂可以180°旋转，出风口可360°旋转，不占空间，价格较高。

3. 手持式

如图5-1-22所示，目前国内使用最广泛的吹风机，优点是手持可以任意转换方向、价格便宜、不占空间，缺点是手持费力。配合固定支架使用，可以固定于美容桌上。

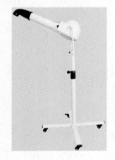 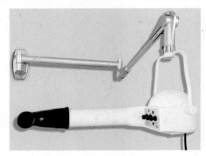 

图5-1-20　立式吹风机　　　　图5-1-21　挂壁式吹风机　　　　图5-1-22　手持式吹风机

九、烘干箱

如图5-1-23所示，主要在宠物洗澡后干燥被毛时使用，尤其是干燥猫或者较胆小的狗。使用时调节到合适的温度。优点是对犬、猫的刺激较小，缺点是干燥的速度较慢。

十、趾甲护理工具

1. 趾甲刀

如图5-1-24所示，也叫趾甲剪或趾甲钳，用于宠物趾甲的修剪，要配合趾甲锉使用，根据大小不同分为大、中、小等规格。

2. 趾甲锉

趾甲锉有手动趾甲锉和电动磨甲器两种。手动趾甲锉如图5-1-24所示，电动磨甲器如图 5 - 1 - 25 所示。主要用于宠物趾甲修剪后磨圆趾甲断面和边缘，避免过于锋利的趾甲伤到人和其他动物。

图 5 - 1 - 23　宠物烘干箱

图 5 - 1 - 24　趾甲刀和趾甲锉

图 5 - 1 - 25　电动磨甲器

十一、止血钳

止血钳一般分为直头和弯头两种。在宠物美容中一般用于耳部护理，如拔耳毛、清理耳垢等。如图 5 - 1 - 26、图 5 - 1 - 27 所示。

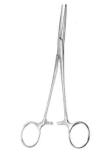

图 5 - 1 - 26　止血钳

图 5 - 1 - 27　止血钳夹持棉球

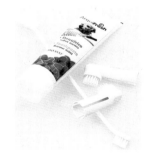

图 5 - 1 - 28　宠物牙膏与牙刷

十二、牙刷

用于清洁宠物牙齿，宠物牙刷主要有 3 种类型：单头长柄牙刷、双头长柄牙刷、指套牙刷，如图 5 - 1 - 28 所示。

（1）单头长柄牙刷：只有一个牙刷头，手柄较长，可刷洗里外的牙齿。

（2）双头长柄牙刷：手柄两端各有一个牙刷头，牙刷头一大一小，大刷头用于刷洗前臼齿、犬齿、门齿，小刷头用于刷洗后臼齿。

（3）指套牙刷：可套于手指进行刷洗，主要用于胆小的宠物，缓解宠物紧张。

十三、其他工具

1. 美容桌

用于放置宠物，美容操作时宠物一般放在美容桌上。市场上主要有电动美容桌、液压美容桌、气泵美容桌、固定美容桌等几种美容桌。

（1）电动美容桌：如图 5-1-29 所示，桌子周边为铝合金边框，依靠电力调节桌子的高度，其优点是升降方便，可灵活调节桌子的高度，但价格相对较高。

（2）液压或气泵美容桌：如图 5-1-30 所示，桌子周边为铝合金边框，桌子的高度可调节，主要通过拉杆进行人力调节桌子的高度，没有电动美容桌方便，但价格相对更便宜。

（3）固定美容桌：如图 5-1-31 所示，桌子周边为铝合金边框，桌子的高度不能调节，但是价格最便宜。

图 5-1-29　电动美容桌　　　　图 5-1-30　液压美容桌　　　　图 5-1-31　固定美容桌

2. 洗澡橡胶刷

如图 5-1-32 所示，整体由橡胶制成，刷毛部位为圆形粒状，防水功能好，用于宠物洗浴时按摩皮肤、去除死皮、刷洗被毛。形状多样，有些制成手套状更方便使用。

图 5-1-32　橡胶刷

任务二　常用美容工具的使用与保养

任务单

项目名称	项目五　美容工具的使用与保养		
任务二	常用美容工具的使用与保养	建议学时	4
任务	1. 学会各种常用美容工具（针梳、排梳、蚤梳、分界梳、鬃毛刷、电剪、趾甲钳、止血钳、趾甲锉、剪刀等）的使用。 2. 对剪刀、电剪等进行保养。		
技能	1. 各种常用美容工具的使用。 2. 剪刀、电剪等工具的保养。		
知识目标	1. 熟悉剪刀、电剪、梳子、吹水机、吹风机、趾甲刀等工具的使用方法。 2. 熟悉剪刀、电剪、吹水机等工具的保养方法。		
技能目标	1. 会使用梳子、剪刀、电剪、吹水机、吹风机、趾甲刀等工具。 2. 会剪刀、电剪、吹水机等工具的保养。		
素质目标	培养辩证逻辑思维、独立学习、调查分析的能力。		
任务描述	宠物的护理与美容都有其相应的专属工具，正确使用这些常用的工具既可以保证护理得当，也可以延长工具的使用寿命，学生学习后应熟练地掌握宠物常用工具的使用以及保养方法。		
资讯问题	1. 宠物美容常用工具的使用方法是怎样的？ 2. 说说常用工具的保养方法。		
学时安排	资讯：1学时	计划与决策：0.5学时	实施：2学时	评价：0.5学时

【任务布置】

学生学习本任务知识链接中的相关知识点后完成以下任务：

（1）学会各种常用美容工具（针梳、排梳、蚤梳、分界梳、鬃毛刷、电剪、趾甲钳、止血钳、趾甲锉、剪刀等）的使用。

（2）对剪刀、电剪等进行保养。

【任务准备】

（1）宠物常见的各种美容工具。

（2）长毛犬和短毛犬若干只。

（3）学生应预先学习本任务知识链接中的相关知识点，教师也可先讲解相关重点内容。

【任务实施】

把学生分成2～3人1组，以小组为单位完成以下任务：

（1）教师指导学生学习如何抓握各种美容工具。

（2）教师指导学生学习如何护理剪刀和电推剪。

（3）每组演示各种美容工具的使用和剪刀、电推剪的护理方法。

【任务评价】

任务实施完成后，采取小组互评或教师点评等方式，进行美容工具的使用与保养评价，可按下表进行评分。

宠物美容工具的识别与选用评价表

考核项目	要求	分值	得分
工作态度和纪律	积极完成任务，能团结协作。	5	
针梳、排梳、蚤梳、分界梳等的使用	会针梳、排梳、蚤梳、分界梳等的持握与使用。	20	
剪刀使用	会剪刀持握和运剪方法。	20	
剪刀的保养	使用剪刀结束后能按正确的方法和步骤保养剪刀，并且能说出保养注意事项。	10	
电剪的使用	能正确持握电剪：运行电剪与皮肤平行，运剪时皱褶处将皮肤撑平后运剪，运剪方向为顺毛方向。	10	
电剪的保养	会电剪的保养。	10	
趾甲钳、趾甲锉的使用	会趾甲钳、趾甲锉的持握和使用。	10	
止血钳的使用	会用止血钳拔耳毛时的手持方法。	5	
吹水机的使用与保养	能按正确方法使用吹水机，能正确保养吹水机。	5	
吹风机的使用与保养	能按正确的方法步骤使用吹风机，能正确保养吹风机。	5	
合　计		100	

【知识链接】

一、梳子的使用

宠物美容常用的梳子包括针梳、蚤梳、美容师梳、分界梳等，下面介绍几种梳子的使用。

（一）针梳（钢丝刷）的使用方法

1. 针梳的持握
针梳的持握方式可以根据刷毛的不同部位进行调整，常用的持握法如图5-2-1和图5-2-2所示。

图5-2-1 针梳的持握1

图5-2-2 针梳的持握2

2. 针梳的运梳方法
主要靠手腕的力量运梳。放松肩膀和手臂力量，利用手腕旋转的力量进行梳理，动作轻柔。梳理时应梳到底层被毛，但不能刮到皮肤。

针梳用完后，除去毛发，清洗干净，消毒后晾干。

（二）蚤梳的使用方法

1. 蚤梳的持握
无柄蚤梳持握方式如图5-2-3所示。
2. 蚤梳的运梳方法
运行蚤梳时，根据宠物犬、猫毛发的长短，可以按顺毛方向梳理，也可以按逆毛方向梳理，长毛犬、猫一般顺毛梳理。除蚤梳理时，梳理被毛前可先将梳子浸肥皂水后再梳理，若有跳蚤、虱子或虫卵被梳出，立即将梳子浸泡于肥皂水中，洗出跳蚤、虱子和虫卵，并将这些体外寄生虫泡死。

图5-2-3 蚤梳的持握

技术提示

蚤梳用于除蚤梳理时,梳前将梳子浸肥皂是因为肥皂水能黏住跳蚤并将其从被毛中带走。之后将带有跳蚤的梳子浸泡肥皂水,是因为肥皂水可以破坏跳蚤的细胞膜和保护层,并使其快速脱水而死亡。

(三) 美容师梳 (排梳) 的使用方法

图5-2-4 美容师梳的持握

1. 美容师梳的持握

拇指置于梳柄上方约1/3处,同时其余四指置于梳柄下方握住梳柄,如图5-2-4所示。

2. 美容师梳的运梳方法

运行美容师梳梳毛时,靠手腕力量梳理,动作轻柔。可先用阔齿端顺毛检查是否有小毛结,如有小毛结,需要用另一只手抓住毛发根部再小心梳理。阔齿端检查没有毛结后,再转用窄齿端检查是否有更小的毛结,直至全身被毛全部梳通顺。

用美容师梳梳理被毛如图5-2-5所示,用美容师梳挑毛如图5-2-6所示。

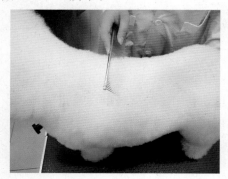

图5-2-5 美容师梳梳理被毛

图5-2-6 美容师梳阔齿端挑毛

(四) 分界梳的使用方法

1. 分界梳的持握

握姿1:用持笔手势握住梳柄,如图5-2-7所示,该握姿主要在被毛分界时使用。

握姿2:同美容师梳的握姿,如图5-2-8所示,该握姿主要用于梳理已分界好的被毛。

图5-2-7　分界梳的握姿1　图5-2-8　分界梳的握姿2　　图5-2-9　用握姿1分界

2. 分界梳的使用

被毛梳理整齐后，确定分界部位，先用握姿1持握分界梳，分出被毛的界线并将界线分直，如图5-2-9所示，然后用握姿2持握分界梳，将分出的被毛梳理整齐，如图5-2-10所示。

 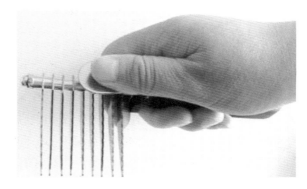

图5-2-10　用握姿2梳理被毛　　　　　图5-2-11　解结刀的持握

二、解结刀的使用

1. 解结刀的持握

解结刀的握姿如图5-2-11所示，用手握住梳柄前端，将大拇指横按在梳面顶端，其他四个手指紧握梳柄。

2. 解结刀的使用

插入解结刀前要找好缠结毛发的位置，插入毛结后，紧贴皮肤，以"锯"的方式由内向外轻柔用力拉开毛结。解结刀主要是用于不能被针梳梳开的毛结。

三、电剪的使用与保养

（一）电剪的使用方法

1. 电剪的持握

电剪的持握有两种方法，分别是握笔式和全握式，如图 5 - 2 - 12 和图 5 - 2 - 13 所示。

图 5 - 2 - 12　握笔式拿法

图 5 - 2 - 13　全握式拿法

2. 电剪的使用方法

（1）一般像握笔一样握住电剪，手握电剪要轻、灵活。

（2）刀头平行于犬皮肤平稳地滑过，如图 5 - 2 - 14 所示，移动刀头时要缓慢、稳定，每个部位用力均匀，否则很容易留下刀头印，使被毛剃得不平整。

（3）要确定刀头型号是否合适时，可以先在犬的腹部剃一点试试。

（4）皮肤褶皱部位（如腋下、腹股沟、脖子）要用手指展开皮肤再剃，避免划伤，如图 5 - 2 - 15 所示。

（5）耳朵皮肤薄、柔软，要扑在掌心上平推，注意压力不可过大，以免伤及耳朵边缘皮肤。

（6）遇到有小毛结的被毛时，运剪阻力较大，可以适当地用力加以推进电剪。

（7）一般以顺毛剃为主，但是在一些特殊情况或特殊要求下可以逆毛运剪。

（8）电剪用久后注意刀头的温度，刀头过热时，可配合用刀头冷却液使刀头降温。

图 5 - 2 - 14　运剪时刀头与皮肤平行

图 5 - 2 - 15　展平褶皱皮肤运剪

（二）电剪的保养

刀头在第一次使用之前，应先去除防锈保护层，用去除剂浸泡刀头1分钟左右取出刀头，也可以在一小碟去除剂中开动电剪，使之在去除剂中摩擦，十几秒钟后取出刀头，吸干去除剂，再涂上润滑油用软布包好即可。

电剪使用结束后，将电剪刀头拆卸下来，用小毛刷刷去残留在电剪内和刀头上的被毛，然后给刀头和电剪转子上油润滑，如图5-2-16至图5-2-19所示。如果宠物有皮肤病，可对刀头进行消毒，防止交叉感染。

（三）电剪使用注意事项

（1）注意防摔。使用过程中绝不允许放在美容台，防止宠物踢落。

（2）不剃打结或脏的毛发。

（3）电剪过烫时不允许使用。

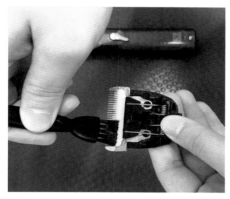

图5-2-16　清除刀头上的被毛

图5-2-17　清除电剪槽内的被毛

图5-2-18　给刀头上油

图5-2-19　给电剪上油

技术提示

使用电剪时，要注意保持电剪与皮肤的平衡，用力均匀，避免在皮肤上留下刀头印。

四、剪刀的使用与保养

（一）剪刀的使用方法

1. 剪刀的持握

直剪、弯剪、牙剪的持握与运剪方法基本相同。剪刀持握方法、步骤如下（见图 5-2-20、图 5-2-21）：

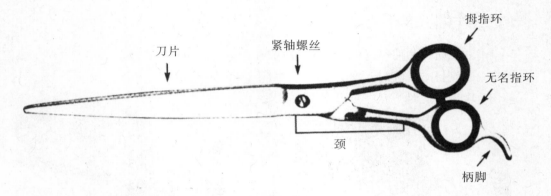

图 5-2-20　剪刀各部分名称

（1）无名指伸入剪刀有柄脚的指环内，小指的指尖抵在剪刀的柄脚上，固定住剪刀，注意此时无名指和小指应是伸直的。

（2）食指和中指自然、轻松地弯回来，轻轻扶住剪刀，防止剪刀脱落，中指和食指基本不用发力。

一般情况下，剪刀指环套到无名指的第三指关节上，剪刀搭在食指的第二指关节上，当手掌伸平时，剪刀与手掌的角度约成45°。如图 5-2-22 至图 5-2-24 所示。

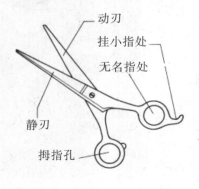

图 5-2-21　剪刀拿法

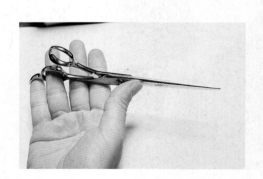

图 5-2-22　剪刀放置位置

（3）拇指指尖伸入剪刀无柄脚的另一指环内，开合大拇指根部关节，从而带动剪刀的开合，此时食指、中指、无名指和小指 4 个手指保持不动。

　　持握剪刀时，拇指切忌过深地套入剪刀指环内。因这样会限制拇指的自如运动，剪刀开合的幅度会很小。修剪身体大部分部位时，为了加快修剪速度，剪刀开合角度尽可能开大些，可以接近90°角，如图5-2-25所示。

　　剪刀错误握法如图5-2-26至图5-2-28所示。

　　（4）手腕保持平直，除了头部修剪外，手腕一般不要弯曲，如图5-2-29所示。

图5-2-23　剪刀持握的正面　　图5-2-24　剪刀持握的侧面　　图5-2-25　开合角度约90°

图5-2-26　错误握法　　　　　　　　图5-2-27　错误握法

（大拇指套入太深）　　　　　（食指与中指没有弯曲护住剪刀）

图5-2-28　错误握法（手腕弯曲）　　图5-2-29　持剪刀的手腕伸直

各手指在剪刀持握中的用途不同。

①食指、中指的作用：护住剪刀，使剪刀保持平衡。

②无名指、小指的作用：握住、固定剪刀。

③大拇指的作用：控制剪刀的开合。

2. 剪刀运剪方法

在运剪时，主要靠大拇指开合去带动剪刀的开合，其余四指保持不动，所以大拇指控制的刀刃称为动刃，而其余四指控制的刀刃称为静刃。

食指、中指、无名指和小指保持不动，靠拇指根部的关节带动剪刀刀刃的开合。剪刀运剪口诀：动刃在前，静刃在后，静刃不能动；由上至下，由左至右。

运剪练习：按照水平方向、垂直方向、环绕方向等进行运剪练习。

（1）水平方向的运剪练习：如图5-2-30、图5-2-31所示，正确持握剪刀后，抬起手臂，使剪刀与地面保持平行，练习水平运剪。在修剪背部时常用到水平方向的运剪。

（2）竖直方向的运剪练习：持握剪刀进行垂直方向的运剪练习。修剪四肢、臀部或前胸被毛时常常用到这种运剪方向，如图5-2-32、图5-2-33所示。

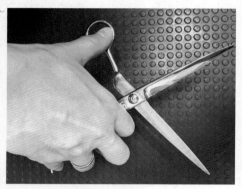

图5-2-30 水平方向运剪练习

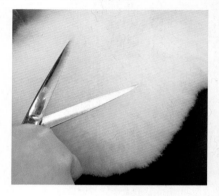

图5-2-31 水平方向修剪背部

图5-2-32 竖直方向从上至下运剪

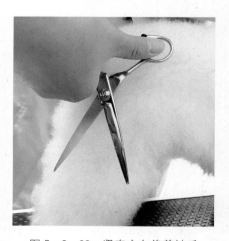

图5-2-33 竖直方向修剪被毛

3. 剪刀运剪注意事项

（1）开合剪刀时，只有大拇指动，其余四指不动。

（2）运剪时，要保持动刃在前，静刃在后。

（3）运剪时，持剪刀的手指应均匀发力，力量刚好能扶稳剪刀，手才不容易疲劳。

技术提示

剪刀的正确握姿需要大量的时间做练习。握剪刀的关键在于靠拇指根部关节的开合去带动剪刀的开合，其余四指应保持不动。使用剪刀时应尽量放松各手指，才会不易疲劳。正确的握姿是使手不易疲劳的关键所在。

（二）剪刀的保养

剪刀使用结束后，按下面的方法、步骤对剪刀进行保养。

1. 擦干净剪刀上的毛发

如图 5 - 2 - 34 所示，用干净的纸巾或纱布等将刀刃上残留的被毛擦拭干净。

2. 给剪刀刀刃上油

如图 5 - 2 - 35、图 5 - 2 - 36 所示，剪刀擦净后，竖起或倾斜放置剪刀，从剪刀刃末端滴 1～2 滴剪刀油使其由上至下流动，当剪刀油流至刀刃根部时，水平放置剪刀并缓缓地开合 2～3 次剪刀，使剪刀油完全布满两片剪刀刃，剪刀支点周围也应滴一些油，可以使剪刀使用起来更顺畅、灵活，并防止生锈。

3. 擦干净油并归置剪刀

用干净的纸巾或纱布将剪刀刃上残留的油擦拭干净，并将剪刀放入剪刀袋中，放回原处，以备下次使用。

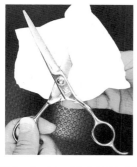　　

图 5 - 2 - 34　擦净刀刃毛发　　图 5 - 2 - 35　给剪刀刃上油　　图 5 - 2 - 36　缓慢开合刀刃使油均匀分布

（三）剪刀保养注意事项

（1）剪刀不能打空剪（练习剪除外），也不能剪毛发以外的东西。打空剪会使剪刀刀锋变钝，无法剪毛。所以，在给剪刀上油后，一定让油流至整个刀刃再开合剪刀，且开合时动作要缓慢。

（2）用剪刀修剪被毛前，被毛应先清洗干净并且全身梳通，无毛结。如果剪刀直接修剪脏乱的被毛和毛结,会使刀锋变钝。

(3)千万不要把剪刀放在美容台上,防止摔落、撞击。因为宠物在美容桌上走动时可能会碰到剪刀使剪刀掉落地板。

(4)使用完剪刀后,要及时清理被毛、上好润滑油,防止生锈。

(5)存放剪刀时,应将剪刀放入剪刀袋中,但不能将多把剪刀叠放在一个剪刀袋里,那样会对剪刀造成损害。剪刀袋应有防震功能。

(6)要避免剪刀掉落地上。如果不慎将它掉落地上,要找专业人士维修。

(7)剪刀刀锋变钝后,也应找专业人士磨剪刀,如果找非专业人士磨剪刀,可能会将剪刀磨变形,导致剪刀报废。

技术提示

剪刀是非常个性化的美容工具,每个人的手是不一样的,通常美容师会根据自己手腕手臂的承力情况、用手习惯以及自己的手与剪刀配合的感觉去选择适合自己的剪刀,适合别人用的剪刀不一定适合自己。挑选到一把得心应手的剪刀是不易的,因此更应重视剪刀的保养与维护,使剪刀的使用寿命得以延长,提高使用效率。

五、吹水机的使用与保养

(一)吹水机的使用方法

1. 吹水机的持握
握住吹水机出风口近端,可用全握式持握,如图 5-2-37 所示。

2. 吹水机的使用方法
(1)通电后,先持握住吹水机出风口近端,再打开吹水机电源开关。

(2)选择适宜的风力和温度:先选择最低挡风速吹毛,等宠物适应后再调至高挡风速进行吹干。炎热天气可选择暖风吹干,寒冷天气适宜选择热风吹干。

(3)吹风结束后,将风力挡和温度挡归位,再将吹水机电源开关关闭,最后拔掉吹水机电源,放回原处,以备下次使用。

图 5-2-37　吹水机的持握

3. 吹水机使用注意事项
(1)吹水机出风口不应离被毛太近或太远,一般保持 20 cm 左右的距离。

(2)吹水机不能对同一个部位吹太久,应保持上下或左右移动,吹风时不能画圈以免被毛打结。

（二）吹水机的保养

（1）吹水机电源开关打开前，要先持握住出风管，以免出风后出风管乱甩造成损坏或吓到宠物。

（2）吹水机使用结束后，要将电源开关关掉再拔电源插头。

（3）定期清洁吹水机的过滤网，可用刷子刷走附在过滤网上的被毛或灰尘，如果用清水冲洗过滤网，要保证过滤网已彻底干燥后再安装在吹水机上。

（4）吹水机要存放在远离水源的地方。

六、吹风机的使用与保养

（一）吹风机的使用方法

1. 吹风机的持握

如图 5 - 2 - 38 所示，应握住吹风机手柄处，拉毛时可将吹风机夹在肩膀处或置于吹风机支架上，如图 5 - 2 - 39 所示。

图 5 - 2 - 38　吹风机的持握　　　　　图 5 - 2 - 39　肩膀夹持吹风机

2. 吹风机的使用方法

与吹水机使用步骤基本相同。

（1）通电后，先持握住吹风机手柄，再打开吹风机电源，选择适宜的风力和温度。

（2）吹风机使用结束后，将风力挡和温度挡都调至"0"挡，然后再将吹风机电源线插头拔掉。

3. 吹风机使用注意事项

与吹水机基本相同。

（1）吹风机出风口不应离被毛太近，尤其使用热风吹干被毛时，以免烫伤宠物皮肤。

（2）吹风机不能对着同一个部位吹太久，以免烫伤宠物皮肤。

（3）使用吹风机时，应注意避免使用者的头发或衣服等被吸入滤网。

（二）吹风机的保养

（1）吹风机使用结束后，要将风力挡和温度挡关掉再拔电源插头。

（2）定期清洁吹风机的过滤网。

（3）吹风机要存放于干燥的环境中，远离水源。

七、趾甲刀的使用与保养

（一）趾甲刀的使用方法

趾甲刀的使用方法如下：

（1）持握趾甲刀手柄，如果趾甲刀有固定刀口的卡扣，应先将卡扣打开，如图5-2-40至图5-2-42所示。

（2）将宠物趾甲放置于环形刀口中间，采用"三刀剪法"进行修剪（如图5-2-43所示），其具体操作方法详见项目六中的任务二。修剪时注意观察宠物趾甲内血线，如图5-2-44，尽量避免剪到血线。

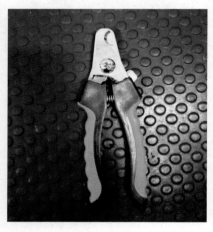
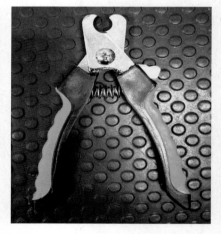

图5-2-40　卡扣闭合的趾甲刀　　　　　　图5-2-41　打开卡扣

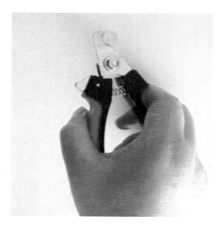

图 5-2-42　趾甲刀的持握

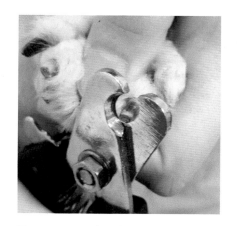

图 5-2-43　趾甲放置于环形刀口中间

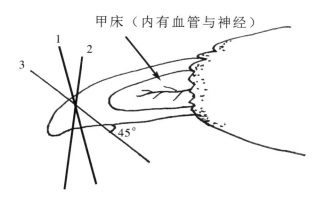

图 5-2-44　趾甲修剪示意图（王艳立等，2011）

（二）趾甲刀的保养

（1）趾甲刀使用结束后，用纸巾或软布擦拭刀面除去刀面上的趾甲屑或尘土。

（2）若要消毒趾甲刀，可用软布蘸取消毒液体消毒刀面，或将趾甲刀浸泡在消毒水中，消毒好后要及时擦干。

（3）不用趾甲刀时，将其存放在干燥环境中，将闭合卡扣扣上。

（4）趾甲刀只用于修剪趾甲，不能用于剪其他东西，避免刀刃变钝。

项目六　宠物的专业洗护操作

任务一　环境卫生管理

任务单

项目名称	项目六　宠物的专业洗护操作		
任务一	环境卫生管理	建议学时	2
任务	对宠物美容室、常用美容工具进行清洁与消毒。		
技能	对宠物美容室、常用美容工具进行正确的消毒。		
知识目标	熟悉宠物美容室的卫生要求。		
技能目标	会对宠物美容室、常用美容工具进行正确的消毒。		
素质目标	培养辩证逻辑思维、独立学习、调查分析的能力。		
任务描述	环境卫生管理主要是指对宠物美容室及室内用品进行清洁、消毒以及做好管理，学生学习后应熟练地掌握宠物美容室清洁、消毒的方法和步骤。		
资讯问题	1. 常用环境消毒剂有哪些？ 2. 如何选择以及使用消毒剂？ 3. 如何做好宠物美容室的清洁消毒工作？		
学时安排	资讯： 0.5学时	计划与决策： 0.5学时	实施： 0.5学时

学时安排最后一列：检查与评价：0.5学时

【任务布置】

教师布置任务：对宠物美容室、常用美容工具进行清洁与消毒。

【任务准备】

（1）宠物美容室、美容桌、浴缸、常用宠物美容用具。

（2）扫把、拖把、吸尘器、盆、桶、刷子、抹布、喷壶、吸水海绵、消毒剂等。

（3）学生应预先学习本任务知识链接中的相关知识点，教师也可先讲解相关重点内容。

【任务实施】

把学生分成6～8人1组，以小组为单位，在教师的指导下完成以下任务：

（1）以小组为单位，查阅资料，制定消毒实施的方案并汇报。

（2）根据消毒物品的种类，选择合适的消毒剂并配制出适宜浓度的消毒水。

（3）对美容室及室内的用品和用具（美容桌、浴缸、吸水毛巾、梳子等）进行清洁与消毒。

【任务评价】

任务实施完成后，采取小组互评或教师点评等方式进行美容室、美容工具消毒的评价，可按下表进行评分。

美容室与美容工具消毒评价表

考核项目	要求	分值	得分
工作态度和纪律	积极完成任务，能团结协作。	10	
消毒剂的选用	能根据消毒物品的种类正确选取和配制消毒剂。	10	
美容室与美容用具的清洁、消毒	能正确地对美容室、美容用具进行清洁和消毒。	60	
消毒注意事项	能够说出消毒注意事项。	20	
合　计		100	

【知识链接】

环境卫生管理主要是指对宠物美容室及室内用品进行清洁、消毒以及管理。由于进出宠物美容室洗浴的宠物较多，有些宠物身上可能带有某些病原菌，如果不注意做好消毒工作，则易造成宠物交叉感染，造成疾病传播，特别是宠物皮肤方面的疾病。因此，对宠物美容室进行及时和定期的清洁、消毒十分必要。

一、环境消毒剂种类

市面上用于环境消毒的消毒剂种类较多，如含氯消毒剂、过氧化物类消毒剂、醛类消毒剂、含碘消毒剂、酚类消毒剂等。消毒剂的杀菌成分不同、浓度不同，其杀菌效果也不同。宠物美容院的消毒建议选用对皮肤和黏膜刺激性小、广谱、无毒、无腐蚀性的消毒剂，如聚维酮碘、百毒杀等双链季铵盐类消毒剂等。

含氯消毒剂杀菌能力强，能杀死细菌、芽孢、真菌、病毒，以前曾被广泛用于宠物美容院、养宠环境的消毒，但由于其对呼吸道黏膜有一定的刺激性，在美容室消毒时须谨慎。

二、宠物美容室及美容用具的消毒

（一）美容洗护前的消毒

宠物洗护与美容前所有用品、用具要求做到"一宠一消毒"，包括笼子、吸水毛巾、浴缸、梳子、美容桌、电剪等工具都应预先做好清洁消毒工作。美容完成后应及时消毒已用过的用具、工具等物品。

（二）美容洗护后的消毒

洗护美容结束后，用刷子、抹布对使用过的美容桌、浴缸、美容工具进行清洁，然后用消毒水进行彻底消毒。

1. 美容桌的消毒

用喷壶喷洒消毒药水，作用一定的时间后再用清水擦干净。

2. 浴缸的消毒

用喷壶喷洒消毒药水，作用一定时间后再用清水冲洗干净。

3. 美容工具的消毒

根据美容工具的种类，喷洒消毒药水或直接浸泡在消毒药水中消毒，消毒结束后用清水擦干净，或冲洗干净，晾干放回原处。

4. 美容室地面的消毒

可用配好的消毒药水喷洒地面，或用拖把浸泡消毒药水后直接拖地。

（三）美容室的常规清洁与消毒

每天定期对美容室进行全面的清洁、消毒，并保持通风干燥，注意空气的清新，所有物品用后归位，摆放整齐。

美容工具、浴缸、美容桌等的消毒如图 6-1-1 至图 6-1-4 所示。

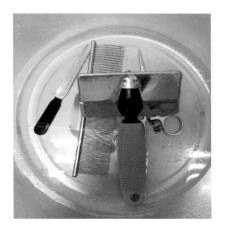

图 6-1-1　美容工具浸泡消毒

图 6-1-2　吸水毛巾浸泡消毒

图 6-1-3　消毒浴缸

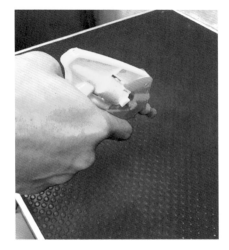

图 6-1-4　消毒美容桌

任务二　宠物基础护理

任务单

项目名称	项目六　宠物的专业洗护操作			
任务二	宠物基础护理	建议学时		8
任务	按流程给犬或猫完成基础护理的全套操作。			
技能	学会宠物基础护理的全套操作。			
知识目标	1. 熟悉犬、猫基础护理的内容与方法。 2. 了解沐浴露种类与功能。			
技能目标	1. 会清理犬、猫的耳朵。 2. 会修剪犬、猫趾甲。 3. 会给犬、猫刷毛。 4. 会剃除犬的腹底毛、脚底毛、肛周毛。 5. 会清理犬肛门腺。 6. 会犬、猫的洗浴与毛发的吹干。 7. 会拉直卷毛犬种的毛发。			
素质目标	培养辩证逻辑思维、独立学习、调查分析的能力。			
任务描述	基础护理是指给宠物洗澡以及在洗澡前、后应做的一些局部清洁或护理（如耳朵的清理、眼睛清洗、趾甲的修剪、被毛的梳理等），学生学习后应熟练地掌握基础护理的内容、方法。			
资讯问题	1. 如何清理犬、猫的耳朵？ 2. 如何修剪犬、猫的趾甲？ 3. 如何给犬、猫刷毛？ 4. 如何剃除犬的腹底毛、脚底毛、肛周毛？ 5. 如何清理肛门腺？ 6. 如何给犬、猫洗澡与吹干毛发？ 7. 犬、猫洗澡的注意事项有哪些？			
学时安排	资讯： 1.0学时	计划与决策： 1.0学时	实施： 4.0学时	检查： 1.0学时	评价： 1.0学时

【任务布置】

教师布置任务：按流程给犬或猫完成基础护理的全套操作。护理内容包括清理耳朵、刷毛、清洁眼睛、洗澡、清理肛门腺、吹干被毛（与拉毛）、修剪趾甲等，剃除（犬的）腹底毛、脚底毛、肛周毛。

【任务准备】

（1）宠物美容室、美容桌、浴缸、热水器。

（2）止血钳、拔耳毛粉、脱脂棉花、滴耳油、纱布、纸巾、滴眼液、趾甲刀、趾甲锉、止血粉、刷子、针梳、美容师梳、电剪、电剪刀头、电剪油、剪刀、剪刀油、浴缸、沐浴液、护发素、吸水毛巾、盆、吹水机、吹风机等。

（3）犬或猫若干只。

（4）学生应预先学习本任务知识链接中的相关知识点，教师也可先讲解相关重点内容。

【任务实施】

把学生分成 2～3 人 1 组，以小组为单位，在教师的指导下完成以下任务：

（1）以小组为单位，查阅资料，制定任务实施的方案并汇报。

（2）在教师的指导下，每组学生完成犬或猫基础护理的全套操作：包括清理耳朵、刷毛、清洁眼睛、洗澡、清理肛门腺、吹干与拉毛、修剪趾甲以及剃除（犬的）腹底毛、脚底毛、肛周毛。

（3）各组展示基础护理后的宠物。

【任务评价】

任务实施完成后，采取小组互评或教师点评等方式对基础护理后的宠物进行评价，可按下表进行评分。

宠物基础护理评价表

考核项目	要求	分值	得分
工作态度和纪律	积极完成任务，能团结协作。	10	
耳朵的清理	能正确判断耳朵是否健康，能按照正确的方法拔耳毛、清除耳内污物。	10	
刷毛	1. 能正确选择梳子进行被毛梳理，梳理方法正确，操作熟练。 2. 会使用剪刀、电剪、解结刀等工具正确处理毛结。	10	
眼睛的护理	能熟练地给宠物滴眼睛护理液，并能按正确的方法清除宠物眼周脏物。	5	
洗澡	1. 洗澡前的准备工作：沐浴液的准备，耳朵塞上棉花。 2. 会肛门腺的清理。 3. 调合适水温，并进行正确的洗澡。	25	
吹干、拉毛	能正确吹干、拉直被毛。	20	

续表

考核项目	要求	分值	得分
修剪趾甲	1. 会用"三刀剪法"修剪趾甲。 2. 知道如何给趾甲止血。 3. 将趾甲磨至光滑钝圆。	5	
修剪腹底毛、肛周毛、脚底毛	1. 剃腹底毛：公犬剃出倒"V"形，母犬剃出倒"U"形。剃的位置正确。 2. 修剪肛周毛，呈"V"形。 3. 剃干净脚底毛。	15	
合　计		100	

【知识链接】

宠物的基础护理是指在日常生活中，需要经常给犬、猫做的一些局部清洁护理以及洗浴、吹干等项目。通常包括清理耳朵，刷理和梳理被毛，修剪趾甲，清洁眼睛，清洁牙齿，洗澡，清理肛门腺，被毛吹干与拉直，剃腹底毛、脚底毛和肛周毛等九大内容。

下面重点介绍犬、猫的基础护理。

一、清理耳朵

犬、猫耳朵的清理应该在洗澡前进行。因为在清理耳朵的过程中拔出的耳毛、擦拭出的耳道分泌物都可能会污染头部或身体的被毛，甚至在清理耳朵时有些犬、猫会甩头，可能会将耳内分泌物甩出，污染到身上的被毛，因此耳朵的清理最好在洗澡前进行。

（一）犬、猫耳朵的结构

犬、猫的耳朵与人的耳朵一样平时会分泌一些油脂，但由于犬、猫耳道结构较特殊，因此极易感染上耳道寄生虫、细菌、真菌等病原微生物，所以犬、猫耳朵的检查和清理是基础护理中必须做的一道工序。

犬、猫的耳朵包括外耳、中耳和内耳。外耳包括耳郭和耳道，耳道呈"L"形，如图6-2-1所示。与耳郭相连的是垂直耳道，垂直耳道往里则是水平耳道。通常给犬、猫进行耳朵清理指的是对耳郭以及垂直耳道的清理。水平耳道进去则是中耳及内耳，中耳与内耳有听觉器官，清理耳道时应避开中耳与内耳。

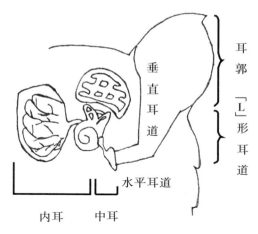

图 6-2-1　犬、猫耳道结构示意图

（二）用品用具

（1）耳朵清理用品、用具包括止血钳、药用脱脂棉、拔毛粉、洗耳水。
（2）拔毛粉的作用：镇痛、消炎、扩张毛孔。
（3）洗耳水的作用：清洁、除臭抑菌、消炎等。

（三）犬耳朵的清理

犬耳朵的清理主要包括拔耳毛和清除耳内污物两项内容。美容师在清理犬耳朵前，应先观察耳朵的状态，检查犬耳朵是否健康，有无感染。健康宠物的耳朵内部应该呈粉红色且无异味，耳内有少量分泌物。感染后的耳道分泌物增多并且有酸臭味，分泌物大量堆积呈黑色或褐色，犬、猫还会不时地挠耳朵。若发现犬耳朵有感染，应及时告知宠物主人，使用过的工具要及时做好消毒。

1. 拔耳毛

有些品种的犬耳内被毛浓密，如贵宾犬、比熊犬、雪纳瑞犬等犬种，需要定期拔耳毛。如长时间不拔耳毛，则会堵住耳朵，不通风，严重者耳朵内会滋生细菌，导致耳道发炎，甚至会出现耳道溃烂等现象。

拔耳毛方法：首先将耳朵外翻，在耳内撒入适量耳粉，再将耳朵放下并轻揉耳朵根部，使耳粉均匀附着在耳毛与耳壁上。外耳郭的耳毛也可以直接用手拔除，耳道内的耳毛可用止血钳拔除，如图 6-2-2 至图 6-2-7 所示。

2. 清理耳垢

耳毛拔干净后，按宠物耳洞的大小，取适量棉花，用止血钳夹住棉花，使棉花完全包绕住止血钳的尖端。在做好的棉花棒上蘸上适量的洁耳油（或洗耳水），进行耳朵清洁，反复清理，直至耳道内的耳垢完全清理干净为止，如图 6-2-8 至图 6-2-13 所示。

图 6-2-2　拔耳毛前撒上耳粉

图 6-2-3　撒耳粉后的耳朵

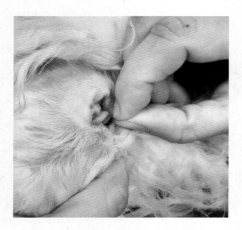

图 6-2-4　用手拔除耳郭内的耳毛

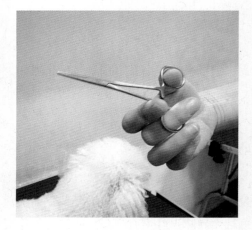

图 6-2-5　止血钳的持握

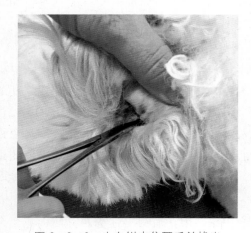

图 6-2-6　止血钳夹住耳毛并拔出

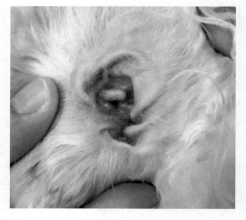

图 6-2-7　拔完耳毛后

图 6-2-8　取适量棉花制作棉棒

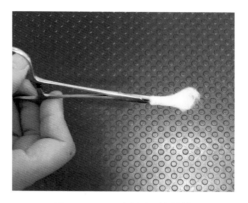

图 6-2-9　制备好的棉棒

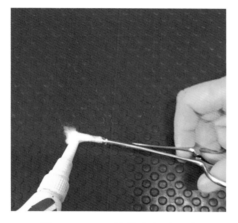

图 6-2-10　棉棒滴上洁耳油

图 6-2-11　棉棒从耳洞进入耳内

图 6-2-12　沿耳壁清洁耳内污垢

图 6-2-13　清洁干净后的耳朵

（四）注意事项

（1）在给宠物拔耳毛以及清洁耳内污物时，要固定住宠物的头部，且动作要轻柔，以免宠物不配合导致损伤耳朵。

（2）不论是拔耳毛还是清洁耳内污物，工具都只能用在我们眼睛能看得到的部位，以免工具插入过深损伤耳道。

（3）在清洁耳内污物时，棉花一定要全部包裹住止血钳的尖端，并确定棉花被夹好不会散开或者脱落，否则棉花散开后露出止血钳尖端会刮伤宠物耳道，或者脱落的棉花会堵塞耳道不易取出。

（4）拔耳毛时，一次不要拔除太多，以免引起宠物疼痛。

技术提示

在给宠物清理耳朵时，动作一定要轻柔，当宠物乱动时要停止操作，并且安抚宠物，等固定好宠物后才可继续操作。在清洁耳内污物时，一般不用棉签，因为棉签易折断，一旦棉签折断在耳道内就很难取出。

二、刷理和梳理被毛

被毛的梳理是基础护理中非常重要的内容，也是宠物洗浴前必须要做的工序。被毛的梳理包括刷毛和梳毛两部分，即先用钢丝刷（针梳）刷毛，然后再用排梳梳通、梳顺。洗澡前梳理被毛，一方面可以将宠物身上的部分灰尘、异物以及脱落的被毛清理掉，另一方面将毛结梳开后再清洗，被毛会清洗得更彻底、干净。若毛结没打开便进行洗浴，毛结内部的被毛很难被清洗到，也不利于后续的吹干和拉毛工作。

另外，在日常生活中，主人经常给宠物梳理被毛也是十分必要的。经常梳理被毛可以起到保健的作用，如可以起到按摩皮肤、促进血液循环、增强皮肤抵抗力、解除疲劳等作用。同时，在梳理被毛时还可以及时观察宠物皮肤状况，若出现皮肤病或寄生虫病，可以及早进行治疗，避免造成严重感染。

家养的犬、猫，一年四季都有被毛生长和脱落，而在春秋季节换毛期，犬、猫被毛脱落更多。平时经常给犬、猫梳理被毛可以及时除去脱落的被毛，否则，犬、猫在舔舐自己身体时容易将脱落的被毛吞食，长时间被毛大量在胃肠内积聚会形成毛球，影响胃肠消化，严重的还会导致胃肠堵塞。被毛经过梳理后更清洁、整齐、通顺、美观，宠物也会感到更舒适。

在给宠物梳理被毛时，应根据宠物被毛种类选择合适的梳理工具。如贵宾犬、比熊犬等犬种可选择钢丝刷，约克夏犬、西施犬等长毛犬可选择木柄针梳。

（一）工具

常用工具包括钢丝刷（针梳）、木柄针梳、鬃毛刷、排梳等，应根据不同犬种进行选择。

（二）刷毛

对于被毛的梳理而言，刷毛是不可或缺的工作。刷毛是指将粘连的毛发刷开以及将毛结解开。刷毛时通常选用的工具有钢丝刷（针梳）、木柄针梳、鬃毛刷，当毛结较多时可以选用开结梳、剪刀、电剪等工具。

刷毛可以先从左侧开始，也可以先从右侧开始，刷毛顺序可参考如下顺序：

后肢→臀部→体侧→背部→颈部→前肢→胸部→腹部→头部→耳部→面部→尾巴，刷完一侧再刷另一侧。一般来说，贵宾犬、比熊犬刷毛的方向可顺毛刷，也可以逆毛刷。但洗澡前的刷毛建议顺毛刷理，因阻力小，被毛损失较少。长毛犬要求顺毛刷理。刷理的顺序并非一成不变，可根据宠物的状态自由变换。

刷毛过程中注意不要遗漏腋窝、腹股沟等比较隐蔽的部位，注意避开乳头、阴茎等生殖器。

（三）梳毛

梳毛是指在刷毛结束后，用排梳将全身被毛梳通、梳顺，并检查有无遗漏的毛结。梳毛选用的工具是美容师梳，即排梳。梳毛前必须先刷毛，不能直接用排梳梳理。直接用排梳梳理基本是梳不通的，还会弄疼宠物。梳毛的顺序与刷毛顺序一致，一般要多梳几遍以确保被毛通顺无遗漏毛结，梳毛的方向通常是顺毛梳理，对于贵宾犬和比熊犬等犬种，可以先顺毛梳，再逆毛梳，确保无遗漏毛结。

被毛的刷理和梳理如图6-2-14至图6-2-23所示。

图6-2-14　刷理臀侧部及后腿被毛

图6-2-15　刷理体侧部被毛

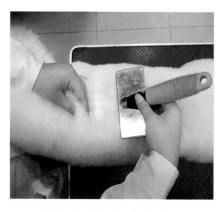

图6-2-16　刷理背部被毛

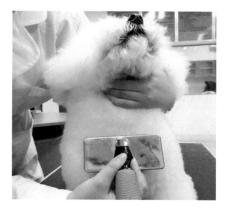

图6-2-17　刷理脖子与前胸被毛

图 6-2-18　刷理前肢内侧和腋窝被毛

图 6-2-19　刷理头部被毛

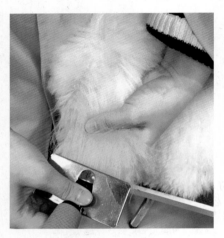

图 6-2-20　刷理耳部被毛

图 6-2-21　刷理面部被毛

图 6-2-22　排梳阔齿端梳通被毛

图 6-2-23　排梳密齿端梳通被毛

（四）注意事项

（1）梳毛时应使用宠物专用的梳理工具，不要用人用的梳子。

（2）刷毛时注意一层一层刷，刷到底层被毛，每层可见皮肤，不能只刷表面。

（3）刷毛时注意把握力度，不能刮伤皮肤。

（4）刷子握到根部，要握实，用手腕力量刷理。

（5）梳毛时，先用阔齿端梳理，再用密齿端梳理。不要一开始就用密齿端梳毛，以免被毛不顺导致折断；且在梳理时不要用力拉扯，否则不但会使毛发折断，还会让宠物感到疼痛。

（6）遇到用排梳梳不通顺时，需再一次用针梳刷理。

技术提示

被毛的梳理是一项需要时间和耐心的工作，刷毛和梳毛时动作一定要轻柔，尽量不要拉扯到皮肤。轻柔地梳理被毛对于宠物来说其实是一种按摩，是非常舒服的，当宠物处于舒适状态时，是非常配合美容师美容操作的。

三、修剪趾甲

犬的趾甲需要定期修剪，修剪的时间间隔由趾甲的生长速度决定。有些犬经常到户外活动，在奔跑和玩耍时趾甲会与粗糙的地面摩擦，有助于磨平长出的趾甲。所以经常在户外运动的犬，趾甲修剪时间间隔较长，而运动量较少的犬，趾甲磨损较少，需要经常修剪，否则，过长的趾甲除了会使犬感到不适外，也容易损坏家里的家具、纺织品、地毯等物品，同时也极易刮伤主人。因此，像运动量较大的狼犬、阿拉斯加犬、金毛犬等犬种，趾甲需要修剪的间隔时间较长，而像运动量较少的北京犬、西施犬、贵妇犬等犬种，就需要经常修剪趾甲。无论是运动量大的犬还是运动量小的犬，它们的脚内侧稍上方位置都长有飞趾，俗称"狼爪"，由于已退化又称"残留趾"。该趾趾甲不与地面接触，因此需要经常修剪，如果长时间不修剪，可能会弯曲，甚至长入肉中。猫的趾甲大部分时间都是处于收缩状态，因此通常情况下，猫的趾甲需要经常修剪。

犬的趾甲为圆柱状，末端尖，趾甲内有甲床，甲床内有血管和神经（如图 6-2-24 所示），因此在修剪趾甲时，尽量不要剪到血管和神经，即甲床处。有些犬趾甲是白色透明的，比较容易看到血线，但有些犬趾甲是黑色的，修剪趾甲时就需要格外小心。在修剪趾甲的过程中，不论是否会剪出血都要将止血粉准备好，以防万一。

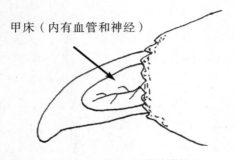

甲床（内有血管和神经）

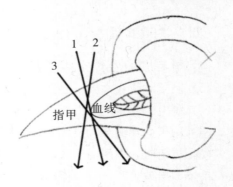

图 6-2-24 犬的趾甲结构

图 6-2-25 趾甲修剪"三刀剪法"

有些梗犬类、大型犬趾甲太硬，可在洗澡之后修剪，趾甲泡过水后，会比平时要柔软，更易修剪。

（一）趾甲修剪工具

趾甲修剪工具包括趾甲刀、趾甲锉或自动磨甲器，此外还需准备止血粉等。

（二）修剪方法

1. 剪趾甲

先用手握住犬、猫的脚部，使用"三刀剪法"修剪。第一刀修剪：趾甲刀刀面与趾甲垂直，剪去前端的趾甲；第二、第三刀修剪：趾甲刀与趾甲约 45°角将两边的边角剪掉。趾甲的修剪至少三刀剪完，剪到尽量贴近血线，并且趾甲要尽量修圆。如图 6-2-25、图 6-2-26 所示。

剪趾甲前先观察趾甲的颜色，白色趾甲，一般将趾甲弯曲部分剪掉。剪黑色趾甲要格外小心，要一点一点地剪，剪到看见趾甲断面有些潮湿时即可。剪趾甲前要准备好止血粉，万一剪到血线出血时，立即在趾甲断端撒上止血粉，并用脱脂棉花压迫止血。

图 6-2-26 趾甲修剪

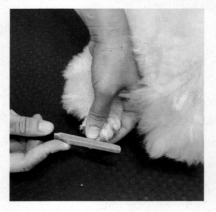

图 6-2-27 趾甲锉磨光滑趾甲

2. 磨平趾甲

如图 6-2-27 所示，趾甲修剪完后，用趾甲锉或自动磨甲器将趾甲边缘磨平、磨圆。美容师可用手背轻轻摩擦磨过的宠物趾甲面，以检查是否光滑，若仍粗糙锋利可以继续磨平，直到趾甲光滑钝圆。

（三）注意事项

（1）根据犬趾甲的粗细选择大小合适的趾甲刀。
（2）修剪完趾甲后，一定要用趾甲锉磨圆甲面。

技术提示

黑色的趾甲不易看到血线，可一点一点地修剪，直至剪到潮湿的甲面。万一剪到血线出血时，要立即止血。

四、清洗眼睛

宠物的眼部应该保持干净和整洁，洗澡前要检查宠物的眼睛并清除眼角内的黏液和异物。

1. 清洗目的

及时发现和预防眼病，同时将眼内和眼周的异物、毛发清理干净。洗澡前后各清洗一次眼睛。

2. 清洗用品

棉花、洗眼水。

3. 清洗方法

一只手控制住宠物头部，另一只手从后方将洗眼水快速滴入，再用湿棉球由内眼角向外眼角方向轻轻擦拭，将眼内及周围脏物擦干净，如图 6-2-28 至图 6-2-31 所示。注意不能在眼睛上来回擦拭，以免脏物污染眼睛。

若眼内分泌物较多溢出眼角，且将眼周的被毛粘连起来，这时可用纱布浸泡温水或洗眼药水，清洗眼部周围，将溢出已干涸的分泌物先软化后再擦去。

有些犬眼球内可能会有一些脱落的被毛、眼睫毛、分泌物或其他异物，可将犬上下眼睑闭合使眼内异物附着在眼睑边缘上，再用纱布擦去异物。也可以用无屑纸巾折出一个尖角，用尖角接触异物将其移到眼角或眼睑边缘，再擦去异物。注意纱布（纸巾）尖角只接触异物，尽量不要接触到眼球。此外，不能用干棉球或有屑纸巾清除异物，因为棉絮以及纸屑容易粘在眼睛上。异物清除后，再给眼睛滴上眼药水即可。

图 6-2-28　给眼睛滴上洗眼水

图 6-2-29　从内眼角往外眼角方向擦拭

图 6-2-30　向外眼角方向擦拭

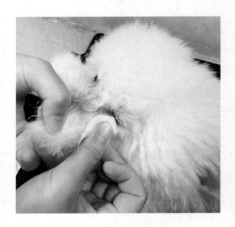

图 6-2-31　擦拭至外眼角

五、清洁牙齿

　　健康的牙齿应该是完整的，呈自然白色且没有牙垢。通常 1 岁以内犬的牙齿都比较洁白干净，宠物主人不会要求给宠物清理牙齿（即刷牙）。若平时给犬喂食狗粮，犬牙齿也会比较干净不易产生牙垢。若平时喂食的是湿粮或饭菜，则犬牙齿极易形成牙垢、牙斑，甚至会有牙结石。当犬牙齿有牙垢、牙斑、牙结石时，口腔会散发恶臭味，严重时从鼻腔呼出的气体也会出现恶臭味，同时牙垢、牙斑、牙结石很容易导致口腔感染。

　　牙垢、牙斑通常是柔软透明、乳白色或黄色、黄绿色的黏附物，牙垢、牙斑可通过刷牙的方法除去。牙结石是由于牙垢长时间不清除堆积钙化后的结果。牙结石通常呈灰白色、墨绿色甚至黑色，质地坚硬。牙结石若不清除，会导致牙龈萎缩，最终可导致牙齿松脱。牙结石不能用刷牙的方法除去，可把宠物带去医院用超声波洁牙机清洗。

1. 用品用具

　　日常牙齿清洁常用的用品有犬牙膏、牙刷、纱布指套、刮牙器等。

2. 刷牙方法

（1）先让犬适应刷牙操作：第一次刷牙的犬，可能极不配合，应先让犬适应刷牙操作。可挤少许牙膏在纱布指套上，让犬先嗅一嗅牙膏，也可让其舔食少量以适应牙膏气味，然后一只手分开犬的两侧嘴唇，另一只手套上纱布指套在牙齿上像刷牙一样来回摩擦，让犬慢慢适应，如图6-2-32所示。

（2）用牙刷刷牙：当犬慢慢适应刷牙动作后，可把牙膏挤在牙刷上刷牙。刷牙时，在牙龈和牙齿交汇处用画小圈的方式一次刷几颗牙，最后以垂直方式刷净牙齿和牙齿间隙里的牙垢。重复这些程序，直到口腔内牙齿外侧全部刷干净为止，然后再刷牙齿内侧。刷完后，让犬将牙齿上的牙膏舔食干净，最后用纱布或纸巾将嘴巴周围的牙膏擦拭干净。如图6-2-33、图6-2-34所示。

（3）刷不掉的牙垢可用刮牙针刮拭：刮牙针刮拭时应小心操作，避免伤到牙龈，如图6-2-35所示。

当牙垢很严重时，建议用超声波洁牙机处理。

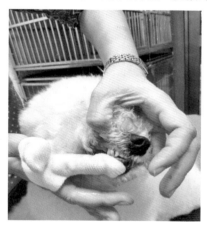

图6-2-32　用纱布指套擦拭

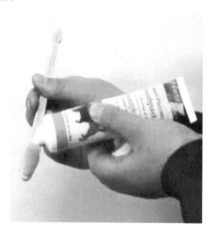

图6-2-33　牙刷挤上牙膏

图6-2-34　牙刷刷牙

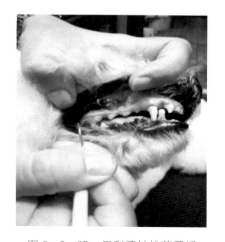

图6-2-35　用刮牙针挑落牙垢

3. 注意事项

在给宠物刷牙之前，一定要了解宠物的性格脾气，并不是每只宠物都愿意或者适合刷牙的，如遇到不配合的宠物，可以考虑放弃刷牙，否则容易被宠物咬伤。

六、洗浴与吹干

洗浴是清洁被毛最有效的方法，广义的洗浴是指给宠物被毛进行干洗或水洗，狭义的洗浴是指被毛的水洗，也叫湿洗。而通常所说的洗浴是指狭义的洗浴，即被毛的水洗。

（一）洗浴用品用具

洗浴用品用具包括沐浴露（或干洗剂）、稀释瓶、脱脂棉花、浴缸、热水器、吸水毛巾、吹水机、吹风机、钢丝刷或木柄针梳、排梳等。

（二）洗澡的频率

洗澡可以让犬被毛保持干净、柔软、光滑、坚韧、有弹性，但犬并不需要天天洗澡。因为犬皮肤表皮层较薄，只有3～5层，且皮肤无汗腺，故不需要像人一样天天洗澡。犬、猫间隔多长的时间洗澡一次，是根据其自身的被毛和皮肤的干净程度而定的，而不是根据主人的喜好而定。平时犬、猫皮肤的皮脂腺会分泌一些油脂，这些油脂对皮肤和被毛起到滋润和保护的作用，它可以防水、隔离粉尘，但这些油脂积聚过多会使被毛粘连缠结，同时还会散发一股难闻的体味。若犬、猫皮肤被毛较油、毛发粘连成块或散发较重体味时则说明它需要洗澡了。通常情况下，长毛犬1周可以洗1次，而短毛犬可以每7～10天洗1次，若皮肤被毛不是很脏也可以每2周洗1次。猫较爱干净，平时会经常舔舐清洁自己的被毛，因此猫洗澡的间隔时间可以比犬长一些，通常是在被毛太脏或油腻时，才需要清理或洗澡，一般以每月2～3次为宜。

（三）浴液种类

1. 沐浴露

宠物洗澡时要选用宠物专用的沐浴液，不宜使用人用的沐浴液，否则会导致宠物皮肤酸碱度失衡，破坏皮肤结构而易发生皮肤病。由于宠物皮肤的酸碱度、生理特点与人的不同，犬的皮肤呈弱碱性，若使用人用的沐浴露，会对宠物皮肤造成更多的刺激，致使清洁后的皮肤干燥、皮屑增多、被毛失去光泽甚至脱落。

洗浴时除了要选用宠物专用沐浴液外，还应根据宠物自身的被毛和皮肤情况选择合适的沐浴露。合适的沐浴露不但可以洁净被毛，还会使被毛更加柔软、有光泽、有弹性，而且还可以对皮肤起到保健作用。市场上宠物专用的沐浴露种类很多，比如，有按宠物品种分类的，如金毛专用沐浴露，有按被毛颜色分类的，如白毛犬专用沐浴露，有按沐浴露功效分类的，如增白型沐浴露等。在此，主要根据沐浴露的功能分类介绍几种常用的宠物沐浴露。

（1）去污型沐浴露：这类沐浴露所含成分主要是去污成分，可以有效去除宠物毛发上的污物。去污型沐浴露又分强效去污型和温和去污型两种。强效去污型沐浴露的优点是去污能力强。除了能有效洗净被毛外还能将皮肤表层油脂除去。由于其有强效的去污能力，所以通常用于清洗被毛较脏的犬、猫，或因长时间没洗澡而皮肤表层油脂堆积较厚的犬、猫。如果宠物经常洗澡则不适宜选择这类沐浴露，否则会导致宠物皮肤表层油脂过度清除，皮肤和被毛没有适当的油脂保护会变得干燥、暗淡，容易脱皮、脱毛，并且失去防水作用，皮肤也会变得敏感而易感染皮肤病。温和去污型沐浴露，其去污能力没有强效型那么好，但这类浴液在去除被毛污物的同时可以保留宠物身体的有益油分，所以适用于油脂不多但被毛相对较脏的宠物洗浴。

（2）增白型沐浴露：这类沐浴露含有增白效果的活性成分，如白珍珠洗毛精，它适用于纯白色和乳白色被毛的犬洗浴，可以使被毛更加白净。

（3）留香型沐浴露：这类沐浴露含有留香较持久的香精，主要用于体味较重的宠物洗浴。

（4）保健型沐浴露：这类沐浴露的种类较多，功效不一，主要是针对一些特殊时期的皮肤和特殊体质的犬、猫而研发的沐浴露。

①消炎止痒沐浴露：这类沐浴露含有一定的抗菌药物成分，有消炎止痒作用，主要用于皮肤有发痒、发炎、湿疹等症状的宠物洗浴，能辅助治疗并预防各种皮肤病。

②抗菌除臭沐浴露：这类沐浴露也含有一定的抗菌药物成分，能消除有害菌所产生的异味，并有效地杀死细菌和滋润皮肤，主要用于异味较重的宠物洗浴。

③低敏型沐浴露：这类沐浴露性质温和无刺激性，主要用于一些皮肤易过敏的宠物洗浴，或者用于眼睛易过敏的宠物洗浴，如无泪沐浴液等。由于这类沐浴露无刺激性，所以当犬、猫被蚊虫叮咬引起皮肤炎症时也可选用这类沐浴露洗浴。

④驱虫型沐浴露：这类沐浴露含有驱虫成分，可以驱除体外寄生虫。适用于有体外寄生虫（如跳蚤、虱、蜱等）的犬、猫洗浴。

（5）兽医专用型沐浴露：这类沐浴露通常在兽医的处方指导下才能使用，它是针对患皮肤病宠物洗浴用的药物性浴液，它的功能主要是治疗皮肤病而不是清洁皮肤。

2. 被毛护理液

被毛护理液的作用是养护被毛，使被毛有光泽、柔顺，使用护理液清洗后的被毛会更滑顺、更易梳理，尤其适合长毛型或卷毛型犬种使用。被毛护理液又称护发素，通常在清洗干净被毛后再使用。有些被毛护理液还有亮白、加黑或加红等功效，可根据犬、猫被毛颜色选择使用。

3. 干洗粉或免洗香波

宠物专用干洗粉或免洗香波是一种不需水冲洗的被毛清洁剂，其洁净能力没有沐浴露好，但也能中和被毛上的污垢油脂，防脱毛、除异臭、增加被毛光泽度，能预防皮肤病和寄生虫的发生。主要用于犬、猫不宜水洗的特殊时期，如不满 3 月龄的幼犬、猫及病犬、猫等。

（四）洗澡前的准备

（1）美容师的准备：美容师穿好防水围裙，戴好口罩、帽子。

（2）稀释沐浴露：用稀释瓶按产品说明书稀释沐浴露，如图 6-2-36 所示。

（3）浴缸、吸水毛巾、美容桌等事先消毒好。

（4）做好洗澡前的基础护理工作，如掏耳朵、刷毛、洗眼睛等。

（五）洗澡的方法步骤

1. 宠物耳朵塞好棉花

为了防止耳朵进水，洗澡前宠物耳朵内应塞好棉花，如图 6-2-37 所示。

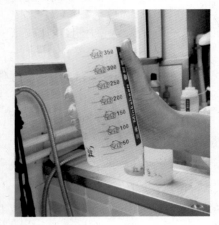
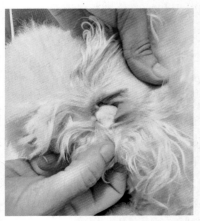

图 6-2-36　稀释沐浴露　　　　　图 6-2-37　耳内塞好棉球

2. 把宠物抱入浴缸内

宠物抱入浴缸后身体顺着宠物缓慢放稳，并固定好。

3. 调水温

犬、猫洗澡适宜的水温通常在 35～40℃，夏天在 35℃左右适宜，冬天在 38～40℃。犬不耐热，夏天水温可调低一些；猫喜温，冬天水温可调暖和一些。调水温如图 6-2-38 所示。

4. 挤肛门腺

肛门腺又称肛门囊或肛门囊腺，肛门腺囊内充满肛门腺液，积久后会变成黑色、深咖啡色的液状物或泥状物。犬科动物肛门腺发达，位于肛门两侧（时钟指至 8 点 20 分时时针和分针的位置），左右各一个，且各有一个开口，如图 6-2-39 所示。

（1）挤肛门腺目的：久不清理，易发生肛门腺炎，狗会烦躁。如果发现宠物有舔肛或者坐在地上拖蹭肛门的动作，可能是肛门腺口堵塞或肛门腺液堆积导致宠物不适，这时应检查宠物的肛门腺并帮其清理。如果发现宠物肛周发红、肿胀、疼痛明显，可能是患上肛门腺炎，这时需要找专业兽医来处理。

（2）挤肛门腺方法：将肛门周围被毛打湿，一只手握住尾巴，另一只手的食指和拇指放在肛门腺的位置，轻轻自上往外挤压，直到分泌物喷出，马上用水冲洗干净，如图6-2-40至图6-2-43所示。

图6-2-38　调水温

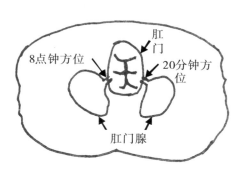

图6-2-39　犬肛门腺示意图

图6-2-40　暴露犬肛门

图6-2-41　挤肛门腺

图6-2-42　肛门腺液被挤出

图6-2-43　冲走肛门腺液

5. 给宠物全身清洗两遍

（1）打湿全身被毛：打湿被毛没有固定顺序，可参考下列顺序打湿：肩部→背部→臀部→腹部→后肢→尾部→颈部→胸部→前肢→头部。打湿被毛时尽可能让喷头贴近皮肤，防止水四处乱溅，并且水的声音会较小，犬不会惊慌。如图6-2-44、图6-2-45所示。

（2）涂抹沐浴露并彻底冲洗干净：先涂抹身体和四肢，最后涂抹头部，涂抹沐浴露后可用沐浴刷进行彻底刷理。冲水时先冲洗干净头部，再冲洗身体和四肢，避免沐浴露进眼睛。通常要用沐浴露清洗两遍。如果需要使用护毛素等护毛产品，可在两遍沐浴露清洗干净后再用护毛素涂抹，护毛素也需彻底冲洗干净，避免残留在皮肤上。如图6-2-46至图6-2-52所示。

图6-2-44　打湿身体

图6-2-45　打湿头部

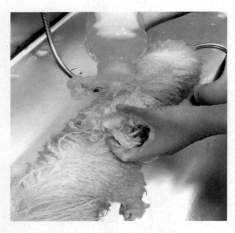

图6-2-46　涂抹沐浴露

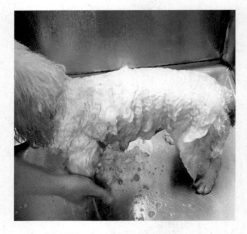

图6-2-47　搓洗被毛

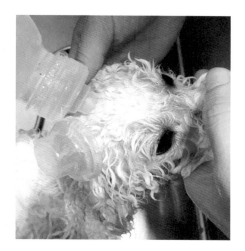

图 6 - 2 - 48　头部涂抹沐浴露

图 6 - 2 - 49　揉搓头部

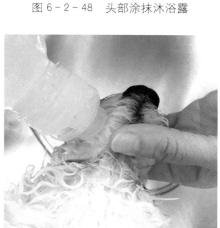

图 6 - 2 - 50　脸部涂抹沐浴露

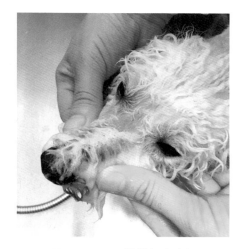

图 6 - 2 - 51　揉搓抓洗脸部

图 6 - 2 - 52　清水冲净沐浴露

图 6 - 2 - 53　吸水毛巾吸干水分

6. 用吸水毛巾尽量吸干被毛水分

注意不可用毛巾反复搓擦，特别是长毛犬种，以免被毛缠绕打结。如图6-2-53所示。

7. 吹水机吹水

用吹水机吹干至七八成，然后再用吹风机拉直被毛。对于贵宾犬、比熊犬等犬种，吹水机吹至六成干即可，太干不利于拉直被毛。吹水机吹水如图6-2-54所示。一般来说，西施、马尔济斯、约克夏等长丝毛犬种，尽量不使用吹水机吹毛，可直接用吹风机吹干。

8. 吹风机吹干拉直被毛

（1）吹背部时可以左手拿吹风机，右手拿梳子，一边吹风一边拉直被毛；吹四肢、腹部、头部等部位被毛时可将吹风机搭在美容师肩膀上，一手控制犬，一手拿梳子拉直被毛。有条件的，吹风机也可固定在专用架子上，腾出双手，便于操作。长毛犬种可顺毛吹干拉直，贵宾犬、比熊犬等卷毛品种需逆毛吹干拉直，如图6-2-55所示。

 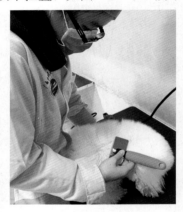

图6-2-54 吹水机吹水　　　　　　图6-2-55 吹风机拉毛

（2）注意事项：

①吹风机与犬之间应保持适当距离，不可太近，注意吹风机温度，防止将宠物的毛发吹焦或烫伤皮肤。

②拉毛动作要快，吹风的同时要用梳子轻柔地刷理被毛。卷毛犬要集中吹干一个地方，再吹另一个地方，否则毛易蜷曲。

③洗澡后须彻底吹干被毛，否则易患皮肤病或感冒等。

④吹脸部时，换小风吹。

9. 排梳梳通顺全身被毛

被毛吹干后，用排梳再次全身梳理一遍，以彻底梳理通顺被毛。

10. 全身检查整理

检查全身被毛是否梳开，被毛是否彻底吹干；检查耳内棉花是否掏出，擦干净耳朵内水分。

（六）宠物的干洗

日常生活中，对于未注射完疫苗的幼犬、猫或因其他原因不适合水洗的犬、猫，可选用干洗的方法进行清洁。目前较常用的干洗剂有干洗粉和免洗香波两种。

1. 干洗粉干洗方法

（1）刷毛：在干洗前先将犬、猫的被毛刷理通顺，如图6-2-56、图6-2-57所示。

（2）被毛撒上干洗粉，并充分揉搓：如图6-2-58至图6-2-60所示，被毛梳理通顺无毛结后，将干洗粉撒在被毛上，并用手充分揉搓被毛，让干洗粉均匀分布。注意不要把干洗粉撒进宠物的眼睛和鼻子内。

（3）刷理被毛：如图6-2-61所示，干洗粉涂抹均匀后，根据犬种选择合适刷毛工具梳理被毛，刷子梳理可将结合有污物和油脂的干洗粉刷去。

（4）吹风机吹干净被毛上的干洗粉：如图6-2-62所示，用吹风机将被毛中残留的干洗粉吹干净。

（5）梳理被毛：再次用针梳或美容师梳将宠物的被毛梳理通顺、整齐。

干洗粉干洗完后的犬只如图6-2-63所示。

图6-2-56　干洗前的幼犬

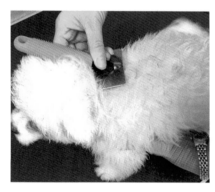

图6-2-57　干洗前刷毛

图6-2-58　干洗粉

图6-2-59　撒干洗粉

图 6-2-60　揉搓被毛使干洗粉均匀

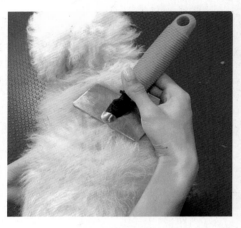

图 6-2-61　针梳刷去被毛脏物

图 6-2-62　吹风机吹干净干洗粉

图 6-2-63　干洗后的犬

2. 免洗香波干洗方法

免洗香波干洗的方法与干洗粉干洗的方法大致相同，如图 6-2-64 至图 6-2-69 所示。

图 6-2-64　免洗香波

图 6-2-65　涂抹免洗香波

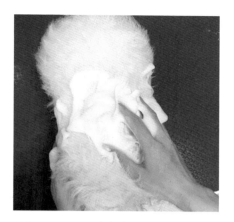

图6-2-66　使泡沫均匀分布于全身

图6-2-67　脸部涂抹免洗泡沫

图6-2-68　吹风机吹干被毛

图6-2-69　吹干拉毛

（七）洗澡注意事项

（1）被毛应彻底吹干，以防感冒或发生皮肤病。

（2）在洗澡前宠物耳朵应塞好棉球，一旦耳朵进水，很容易引起耳道感染。棉球不宜过大或过小，棉球过大容易被甩出，棉球过小水易进入耳朵，且不易取出。

（3）打湿被毛时，注意不要让水进入犬、猫的耳朵和鼻子。尤其是体形娇小的犬、猫或者鼻子短小的犬、猫，若水进入鼻子，很容易进入肺部造成异物性肺炎。

（4）要注意淋透全身所有的毛发，特别是被毛厚的犬，一定要保证淋透最底层毛发。

（5）打湿被毛时，头部最后打湿。通常在躯干用沐浴露清洗一遍后再打湿头部，这样可减少浴液进眼睛的概率。

（6）许多沐浴露都是浓缩型的，应先用水稀释再用。

（7）如浴液不慎进入眼睛，应立即用清水冲洗，再滴上眼药水，以免造成眼部的疾病。

（8）沐浴露要彻底冲洗干净，否则沐浴露残留在皮肤被毛上，不但会使毛发无光泽、干涩，而且还可能会引起皮肤炎症。

（9）用毛巾擦干水分时，力度要适当，不能过度揉搓，尤其是对长丝毛犬（如马尔济斯犬等），过度揉搓会造成被毛打结。

（10）吹风机吹风时不宜太靠近被毛，以免温度过高烫伤犬、猫皮肤，同时不能对同一个地方吹太久。

（11）吹风时不能从正面朝宠物的脸部吹，否则会引起宠物不适和反抗。

（12）用烘干箱烘干被毛时，要经常观察烘干箱里的犬、猫，确保其无异常。

（13）需要拉毛的犬，用吹水机吹干被毛时要保证被毛有一定的湿度，不能太湿也不能太干。太湿的被毛用吹风机很难吹干，使拉毛时间延长，太干的被毛则拉不直。一般用吹水机将被毛吹至六成干是最适合拉毛的。

（14）拉毛时如果出现有些被毛已经干燥不能被拉直，可用少量清水打湿该处被毛，然后再拉毛。

（15）不宜水洗的犬、猫可进行干洗。未满3月龄的幼犬、猫，分娩前后及生病的犬、猫等都不适宜水洗。

技术提示

拉毛的关键在于拉毛时被毛的湿润程度和拉毛的速度。吹水机吹太干不利于拉直被毛，拉毛动作一定要熟练，速度要快，才能把被毛拉直。

七、剃除腹底毛、肛周毛和脚底毛

一般选择在犬洗澡后才进行腹底毛、肛周毛以及脚底毛的剃除。因为刚洗过澡的宠物被毛柔软干净容易剃除，并且不会污染、损坏电剪或剪刀。剃除腹底毛、肛周毛以及脚底毛最理想的工具是电剪，其优点是可以快速将被毛剃短剃平，但对于一些有电剪过敏症的犬也可以选择剪刀将过长的肛周毛剪短。

（一）剃除腹底毛

1. 目的

其最直接的目的是为了在犬展中方便审查员检查犬的生殖器，确认犬的性别和犬是否健康（公犬是否是单睾、隐睾等），平时主要是为了犬的健康和卫生。

2. 剃除腹底毛的位置和方法（用10F刀头）

将腹部被毛梳理通顺后，用电剪剃除腹底部的被毛。剃时将犬两前肢抬起使其站立，若犬比较配合，也可以让犬仰躺。公犬以尿道口前方（肚脐处）为顶点，将腹底毛剃成倒"V"形，公犬尿道口前方应留几根或一小撮被毛作"引水线"，以引流尿液。母犬以倒数第2～3对乳头之间为顶点，将腹底毛剃成倒"U"形。如图6-2-70至图6-2-73所示。

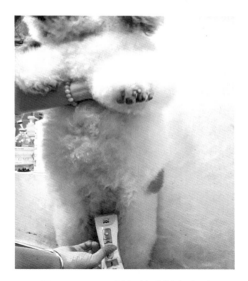

图6-2-70　提起前肢剃腹底毛

图6-2-71　公犬剃到生殖器前方

图6-2-72　公犬剃成倒"V"形

图6-2-73　母犬剃成倒"U"形

3. 注意事项

（1）电剪不要动作太碎、反复剃。一些犬的皮肤容易引起过敏，如过敏立即涂抹犬用皮肤膏。

（2）由于腹部的皮肤较敏感，因此在剃毛过程中应注意电剪刀头是否过热，同时也要注意选择合适的刀头。

（3）剃腹底毛时，注意保护好犬的乳头和生殖器。

（4）不能剃到体侧的被毛。犬正常站立时，生殖器不可外露（除雪纳瑞等犬种外）。

（二）剃除脚底毛

1. 目的

（1）保持犬的清洁卫生，方便散热。

（2）防止犬走路时打滑。

（3）长时间不修剪脚底毛，脚底毛容易打结成团，滋生细菌。

2. 剃除脚底毛的方法（用 15F 刀头）

通常用小电剪剃除脚底毛。操作时用手指将犬大脚垫撑开，用小电剪把大脚垫与四个小脚垫之间的毛剃干净，四个小脚垫之间的毛剃至与脚垫齐平，如图 6-2-74、图 6-2-75 所示。

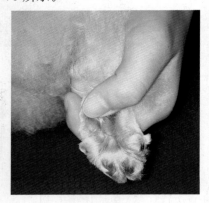
图 6-2-74 将大脚垫撑开

图 6-2-75 剃除脚底毛

3. 注意事项

（1）脚垫内有丰富的神经，皮肤较敏感，在剃毛过程中犬脚容易抽动，这时要注意固定好犬脚不让其乱动，以免剃伤。

（2）剃脚底毛时，一定要撑开大脚垫，撑开距离越大越方便被毛的剃除，但也要兼顾宠物是否舒适。

（三）修剪肛周毛

1. 目的

露出肛门，防止粪便粘连被毛。粪便长期附着在肛门周围，容易引起肛周皮肤感染，甚至溃烂。

2. 修剪方法

将犬尾抬起，露出肛门，用电剪在肛门边缘剃出一个"V"形，"V"形的宽度不应超过尾巴的宽度，如图 6-2-76、图 6-2-77 所示。有些皮肤容易过敏的犬也可以用牙剪修剪。

3. 注意事项

（1）肛门和肛周皮肤较敏感，在剃毛过程中要注意电剪刀头温度，防止过热引起犬的不适和挣扎。

（2）对于皮肤较为敏感的犬，可改用牙剪修剪此处的被毛。

（3）剃的宽度不应超过尾巴的宽度。

图6-2-76　从肛门无毛区边缘向外剃

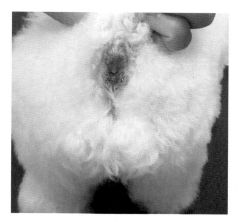

图6-2-77　将肛门周围被毛剃干净

八、猫的基础护理

　　猫基础护理的内容、方法步骤与犬基本相同，但由于猫的脾气与犬不同，而且猫通常不会像犬那样听从人的指令，因此不能用与犬交流的方法去跟猫交流。同时猫也不像犬那样容易用绳子和锁链控制，因此这就使得给猫做基础护理比较困难，尤其是对那些不习惯洗澡的猫。

　　在给猫做基础护理前应对猫的性格特征有一定的了解，比如猫对响声或突然的噪声非常敏感，因此它们需要非常安静的美容环境。另外，猫比较缺乏耐性，美容师在给猫做基础护理时，可以边做护理边和猫玩耍，以提高猫的配合度。

　　1. 猫的基础护理项目

　　猫的基础护理项目与犬基本相同，包括修剪趾甲、掏耳朵、刷毛、清洁眼睛、耳内塞好棉球、洗浴与吹干等几项内容。猫被毛干燥的方法可采用吹干，也可以采用烘干。猫的基础护理方法、步骤如图6-2-78至图6-2-95所示。

图6-2-78　修剪趾甲

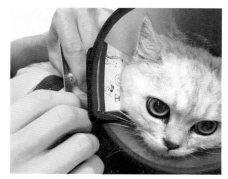

图6-2-79　趾甲修剪后磨平

图 6-2-80 掏耳朵

图 6-2-81 刷毛

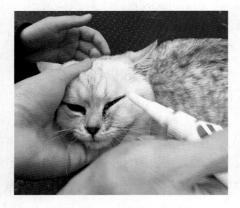

图 6-2-82 滴眼睛护理液

图 6-2-83 清洁眼周

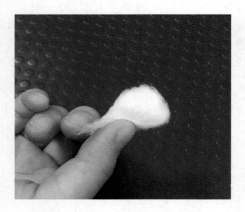

图 6-2-84 取适量棉花做成棉球

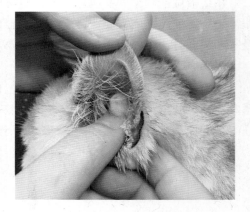

图 6-2-85 耳内塞好棉球

图 6-2-86　调水温

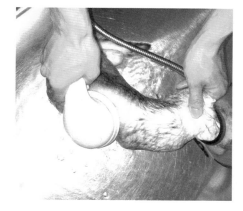

图 6-2-87　打湿被毛

图 6-2-88　用沐浴露揉搓抓洗

图 6-2-89　冲干净浴液

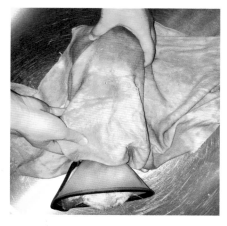

图 6-2-90　吸水毛巾吸干水分

图 6-2-91　湿毛巾擦洗头脸部

图 6 - 2 - 92　吹干全身被毛

图 6 - 2 - 93　宠物烘干箱

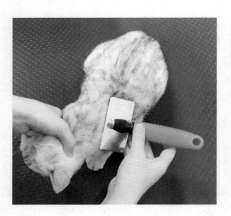

图 6 - 2 - 94　吹干后将被毛梳理整齐

图 6 - 2 - 95　洗澡后的猫

2. 猫基础护理注意事项

（1）操作过程中保定好猫，防止逃脱、逃跑。

（2）对于不配合、有攻击行为的猫，要注意做好安全防范措施，可考虑给其戴上伊丽莎白项圈，防止咬到人。

（3）给猫洗澡时动作要轻柔、快捷。猫不配合时，不能用打骂、恐吓的方式处理，而应先和猫亲近一下，以和蔼的语言、温柔的动作博得猫的欢心，特别对于神经紧张、胆小的猫，更应该先取得它的信任。

（4）洗澡前耳朵应塞好棉球。一旦水进入耳朵，很容易引起耳道感染。棉球不宜过大或过小，棉球过大则容易被甩出，棉球过小则不易取出。

（5）涂抹沐浴露时，注意沐浴露不要进到眼睛里。

（6）猫的洗澡频率不宜过密，一般以每月 2～3 次为宜。

技术提示

猫惧怕水，所以大部分猫洗澡时都比较抗拒，在给猫洗澡时要尽量做到轻柔、快速，在猫表现出害怕和抗拒时千万不能打骂，而应安慰轻抚猫，以获得其信任，使洗浴能顺利进行。

项目七　宠物美容造型设计

任务一　贵宾犬造型修剪

任务单

项目名称	项目七　宠物美容造型设计			
任务一	贵宾犬造型修剪		建议学时	16
任务	1. 给贵宾犬修剪出运动装造型。 2. 给贵宾犬修剪出家庭宠物装中的泰迪装。			
技能	1. 贵宾犬运动装造型的修剪。 2. 贵宾犬泰迪装造型的修剪。			
知识目标	1. 熟悉贵宾犬泰迪装、运动装造型的修剪方法。 2. 熟悉身体有缺陷的犬各部位的修正方法。			
技能目标	1. 会修剪贵宾犬的泰迪装和运动装。 2. 会给身体有缺陷的犬各部位进行修正。			
素质目标	具有分析问题、处理问题和解决问题的能力，有团队协作精神。			
任务描述	贵宾犬的泰迪装和运动装是目前该品种比较流行的造型，学生学习后应熟练地掌握这两种造型的修剪。			
资讯问题	1. 画出贵宾犬的畸形躯体修正图。 2. 画出贵宾犬运动装面部与前胸剃毛位置。 3. 贵宾犬泰迪装背部、四肢、头部、腰腹部的修剪要点是什么？			
学时安排	资讯：2.0学时	计划与决策：0.5学时	实施：12学时	检查：0.5学时　评价：1.0学时

121

　　贵宾犬造型的修剪是宠物美容的基础，贵宾犬的造型有"千面美人"之称，它可以修剪出多种造型，这是很多人喜爱它们的原因。贵宾犬常见的造型有泰迪装和运动装等。

一、贵宾犬的品种特点

　　贵宾犬原产于法国，体形有玩具型、迷你型、标准型 3 种。标准型贵宾犬身高大于 38 cm，迷你型贵宾犬身高在 25.4～38 cm 之间，玩具型贵宾身高小于 25 cm。

　　1. 标准体形的贵宾犬身体比例特点

　　①身高＝身长，呈正方形体形。

　　②肩胛骨长度＝上腕（臂）骨长度。

　　③肩胛骨最高点至肘关节的距离＝肘关节到地面的垂直距离。

　　④大腿骨长度＝小腿骨长度。

　　2. 头部

　　头部呈圆形，略微突出。吻长而不尖，吻长为头长的 1/2。

　　眼睛：眼睛颜色非常深，眼睛呈椭圆形，眼距颇宽，给人一种机警聪明的外观。主要缺点有眼圆突出、大或眼色浅。

　　耳朵：耳朵下垂，耳根位于眼睛的水平线或稍低于眼睛的水平线。

　　3. 背线

　　始于肩胛骨最高点，而终点止于尾根部。背线水平，既不倾斜也不拱起，肩部后可轻微凹陷。

　　4. 四肢

　　两前腿笔直，相互平行，骨量中等，脚掌紧凑呈椭圆形。两后肢直，从后面看是平行的。飞节到脚跟距离较短，且垂直于地面。站立时，后脚趾略超出尾部。

　　5. 尾巴

　　需断尾，直立。

　　6. 被毛

　　不脱落卷毛型，被毛颜色为纯色，有白色、棕色、褐色、咖啡色、灰色、杏色和奶油色等。

二、贵宾犬运动装造型的修剪

　　【任务布置】

　　教师布置任务：给贵宾犬修剪出运动装造型。

　　【任务准备】

　　（1）器材准备：宠物美容室、美容桌、小电剪、电剪刀头（10 号）、直剪、钢丝刷、美容师梳、趾甲剪、止血钳、止血粉、吹风机、吸水毛巾、防水围裙、宠物香波、脱脂棉、洗眼液、拔毛粉等。

（2）贵宾犬做好基础护理，洗浴、吹干、拉直被毛备用。

（3）学生应预先学习本任务知识链接中的相关知识点，教师也可先讲解相关重点内容。

【任务实施】

把学生分成2～3人1组，以小组为单位，在教师的指导下完成以下任务：

（1）以小组为单位，查阅资料，在教师的指导下学习贵宾犬运动装造型修剪的方法。

（2）在教师的指导下，按要求完成贵宾犬运动装造型的修剪，包括电剪修剪部分和直剪修剪部分。

（3）各组展示修剪造型后的贵宾犬。

【任务评价】

任务实施完成后，采取小组互评或教师点评等方式对贵宾犬的运动装进行评价，可按下表进行评分。

贵宾犬运动装造型修剪评价表

考核项目	要求	分值	得分
工作态度和纪律	积极完成任务，能团结协作。	10	
美容工具的使用	能正确操作各种美容工具。	10	
基础护理	洗澡前被毛梳理通顺，耳朵清理干净，趾甲按要求修剪，清理肛门腺，洗浴后彻底吹干，被毛拉直，剃干净脚底毛、腹底毛、肛门位的毛发。	10	
剃脸和前胸	能剃出前胸"V"字形，脸部剃法正确。	10	
剃脚	剃的部位正确。	10	
剃尾根	剃的部位正确。	10	
整体修剪	四肢、头部、身体的部位按要求完成修剪。	20	
整体效果	整体造型效果好。	20	
合　　计		100	

【知识链接】

美容前的贵宾犬如图7-1-1所示。贵宾犬运动装造型修剪分为电剪修剪和直剪修剪两部分。

图7-1-1　美容前的贵宾犬

（一）电剪修剪部分（小电剪）

1. 剃脚部

（1）前肢定位：从指骨开始剃到掌骨与指骨交界处。

（2）后肢定位：从趾骨剃到趾骨与跖骨交界处。

犬脚部骨骼结构如图7-1-2所示，脚的剃法如图7-1-3、图7-1-4所示。

（3）逆毛剃。

（4）注意脚趾缝、甲床部位的所有被毛修剪干净，不要划伤皮肤，不能有任何碎毛，脚底部平滑。

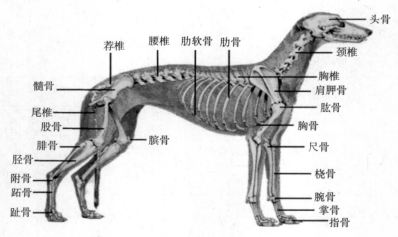

图7-1-2　犬骨骼图（王艳立，2011）

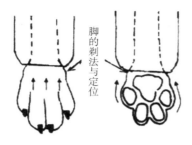

图 7-1-3　脚剃除的位置（王艳立，2011）　　　　图 7-1-4　脚面逆毛剃

2. 剃尾巴

尾巴根部剃出 2 cm 左右长度的圆柱。从尾根开始往尾尖方向剃，具体长度视尾巴的长短而定，使尾巴留出的毛团呈一个球形，如图 7-1-5 所示。

3. 剃脸部

由前耳根至外眼角剃一条水平线，此水平线以下包括脸、口吻、鼻梁、下巴都剃干净，逆毛剃，如图 7-1-6、图 7-1-7 所示。

4. 剃出 4 个 "V" 形

（1）剃尾根前侧的 "V" 形：以尾根为宽度，剃一个 "等边三角形"，呈倒 "V" 形，如图 7-1-8 所示。

（2）剃尾根下方的 "V" 形：尾根下方剃一个正 "V" 形，剃至露出肛门即可，如图7-1-9所示。

图 7-1-5　剃尾巴　　　　　　图 7-1-6　由前耳根至外眼角剃一条水平线

图 7-1-7　逆毛剃脸　　　　　　图 7-1-8　尾根前侧剃一个倒 "V" 形

图 7-1-9　尾根下方剃一个"V"形　　　图 7-1-10　剃前胸的"V"形

（3）剃前胸的"V"形：从耳孔至喉结下方剃出一条斜线，两侧剃完成后呈一个正"V"形，此"V"字以内的毛全部剃干净，如图 7-1-10 所示。"V"的顶点根据犬体形大小来定，一般来说，玩具贵宾犬剃至喉结下约 1～2 横指；迷你贵宾犬剃至喉结下约 3 横指；标准型贵宾犬约剃至喉结下 7～8 cm。如果狗太小，剃至喉结向下约 1 横指即可。

注意：剃此部位时切记不可把犬的头向上昂起，稍抬头即可，否则剃完松手后所剃的"V"会变形。

（4）剃额段的倒"V"形：两内眼角之间剃一个不超过上眼皮高度的倒"V"形，如图 7-1-11 所示。

脸部正面、脸部侧面、下颌剃法如图 7-1-12 至图 7-1-14 所示。

 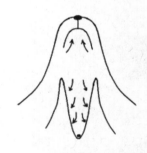

图 7-1-11　剃额段的倒"V"形　　　图 7-1-12　下颌剃法（王艳立，2011）

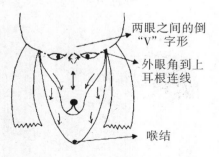 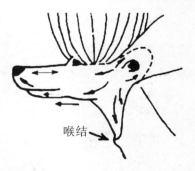

图 7-1-13　脸部正面修剪示意图　　　图 7-1-14　脸部侧面修剪示意图
　　（王艳立，2011）　　　　　　　　（王艳立，2011）

（二）直剪修剪部分

修剪前，首先确定整体比例：标准体形的贵宾犬，胸前骨至肩胛骨最高点与肘关节垂直线、肩胛骨最高点与肘关节垂直线至腰线、腰线至臀部，这三部分的长度比例为1：1：1。贵宾犬的身高等于身长。修剪时，应按这些比例关系进行修剪。

修剪时，犬姿势应站正。贵宾犬站正的标准：眼睛视线平视前方，两前肢与肩外侧同宽，站姿在一条直线上；坐骨端垂直线落在后脚脚尖前方位置上。

1. 修剪袖口

首先水平剪掉超出袖口部分，再修圆袖口，剪刀向外倾斜45°修圆袖口，如图7-1-15所示。

2. 修剪股线

由尾根30°水平向外修剪股线，同时修剪尾根上方倒"V"字形的边缘，如图7-1-16、图7-1-17所示。

图7-1-15　剪刀向外倾斜45°修剪袖口

图7-1-16　30°水平向外修剪股线

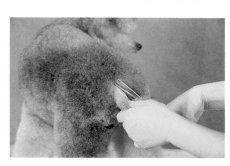

图7-1-17　修剪尾根前倒"V"字边缘

图7-1-18　背线修剪水平

3. 修剪背线

背线修剪水平。从股线前端修水平背至肩胛骨最高点后约 3～4 指处，即修剪至体长的 1/2 处，如图 7-1-18 所示。

如果犬背有凹形或凸形的现象，注意修正，修正方法如图 7-1-19 所示。

图 7-1-19　背部异常的犬修正示意图（张江等，2008）

4. 修剪臀部及飞节角度

股线下端至生殖器：修垂直面，如图 7-1-20 所示。

生殖器至飞节最高点：45°弧度修剪，注意做好衔接，如图 7-1-21 所示。

飞节最高点至脚垫：呈 45°修剪出一个圆滑的斜面，如图 7-1-22、图 7-1-23 所示。

图 7-1-20　股线下端到生殖器修垂直面

图 7-1-21　飞节角度 45°弧形修剪

图 7-1-22　飞节最高点到脚垫呈 45°修剪

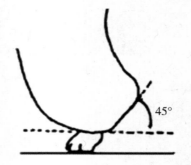

图 7-1-23　飞节下部修剪示意图

（王艳立等，2011）

5. 修剪后腿

如果四肢生长异常则需要用修剪来修正其缺点，方法如图7-1-24所示。

（1）后腿内侧：逆毛梳，修剪出"A字线"斜面，形成一个"A"字形，如图7-1-25所示。

（2）后腿外侧：从背部边缘到脚外侧修剪一个垂直面或略向外倾斜的斜面，如图7-1-26所示。

（3）后腿前侧：修斜线。从腰线的下端到脚尖修一条自然的斜线，如图7-1-27所示。

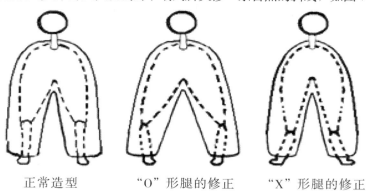

正常造型　　　　　"O"形腿的修正　　　　　"X"形腿的修正

图7-1-24　后肢畸形矫正修剪示意图（王艳立等，2011）

图7-1-25　后腿内侧修剪"A字线"斜面

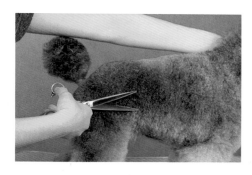

图7-1-26　后腿外侧修一个垂直面或
略向外倾斜的斜面

6. 修剪腰线

在最后肋骨处（或体长的后1/3处）修剪一条腰线。修剪腰线的目的是突出犬身体的曲线美感。

修剪方法：用剪刀尖向外倾斜15°左右，指向腰部修一个斜面，然后从下往上呈声波状修剪，圆滑连接腰线前后两端。

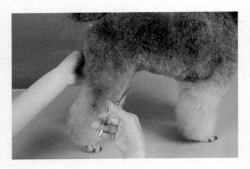

图 7-1-27　后腿前侧修一条斜线

图 7-1-28　侧身修剪成放射状圆筒形

7. 修剪侧身

剪刀尖向前向外倾斜 45°左右修剪，把侧身修剪成放射状圆筒形。越靠近腰线处，毛越短，如图 7-1-28 所示。

8. 修剪腹线

从腰线下端到肘关节，修出一条前低后高的腹侧底部斜线，即为腹线。如图 7-1-29 所示。

9. 修剪前腿

前腿修剪成圆柱形。

如果两前肢生长异常，则作修正，如图 7-1-30 所示。

（1）前腿外侧：修垂直面，与肩同宽，如图 7-1-31 所示。

（2）前腿内侧：修垂直面，留毛长度参考外侧，如图 7-1-32 所示。

（3）前腿后侧：修垂直面，适当留长毛发，如图 7-1-33 所示。

（4）前腿前侧：修垂直面，突显前胸，如图 7-1-34 所示。

最后把前肢四个垂直面去角修圆。

图 7-1-29　修剪腹线

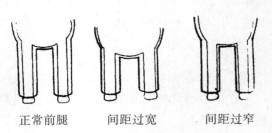

正常前腿　　间距过宽　　间距过窄

图 7-1-30　前肢畸形矫正示意图

（张江等，2008）

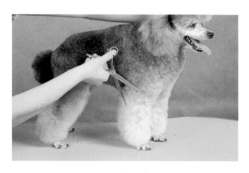

图 7-1-31　前腿外侧修垂直面

图 7-1-32　前腿内侧修垂直面

图 7-1-33　前腿后侧修垂直面

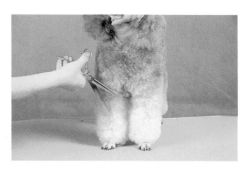

图 7-1-34　前腿前侧修垂直面

10. 修剪前胸

（1）修剪"V"字边缘：剪刀贴住皮肤水平向外修剪，并与颈部过渡，如图 7-1-35 所示。

（2）两前腿之间：剪平，与腹部相通，如图 7-1-36 所示。

（3）前胸中间部分剪平或剪圆弧状，如图 7-1-37 所示。

11. 修剪头花

（1）前侧：修剪露出眼睛。剪刀贴住额段，剪刀刃向外倾斜 45°修剪超过此斜面的毛，宽度为两外角的距离，如图 7-1-38 所示。

（2）两侧：从外眼角→前耳根→后耳根→耳根后剪三刀，目的是使耳位更清晰。方法如下：

外眼角至前耳根：45°斜剪一刀，如图 7-1-39 所示。

前耳根至后耳根：90°垂直剪一刀，如图 7-1-40 所示。

后耳根至耳根后：90°垂直剪一刀。

（3）以头顶为头花的中心点修圆头花。

（4）枕骨、颈部、后背修自然衔接，如图 7-1-41 所示。

12. 修剪颈部

由后耳根 45°修剪至肩外侧，注意衔接，如图 7-1-42 所示。

13. 修剪耳朵

耳朵剪成弧形或扇形等。长度只要不超过胸骨，尽量留长毛，如图 7-1-43 所示。

14. 修剪尾巴球

把尾巴所有毛向上梳起，不低于耳位水平线剪短，放射性梳开修圆。也可以将尾尖拧紧，把超过耳位水平线的毛剪掉再修圆，如图 7－1－44 至图 7－1－46 所示。

15. 左右对称，完成修剪

美容后的贵宾犬如图 7－1－47 所示。

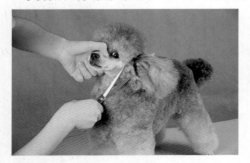

图 7－1－35　修剪前胸"V"字边缘

图 7－1－36　两前腿之间剪平

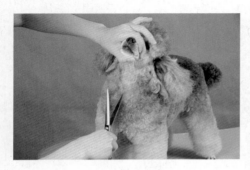

图 7－1－37　前胸剪平或剪圆弧状

图 7－1－38　倾斜 45°修剪头花前侧

图 7－1－39　外眼角到前耳根 45°斜剪

图 7－1－40　从前耳根至后耳根 90°垂直剪

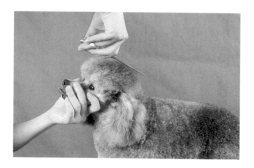

图 7 - 1 - 41　枕部与颈部修至自然衔接

图 7 - 1 - 42　后耳根 45°修剪至肩外侧

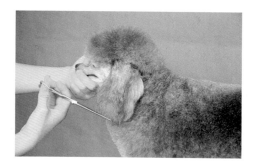

图 7 - 1 - 43　耳朵修剪成弧形或扇形

图 7 - 1 - 44　尾巴球不低于耳位水平线剪短

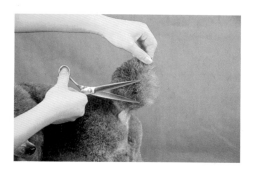

图 7 - 1 - 45　尾巴球修圆

图 7 - 1 - 46　尾部修剪示意图（张江等，2008）

图 7 - 1 - 47　美容后的贵宾犬

三、贵宾犬家庭宠物装造型的修剪

【任务布置】

教师布置任务：给贵宾犬修剪出家庭宠物装中的泰迪装。

【任务准备】

（1）器材准备：宠物美容室、美容桌、电剪、电剪刀头（10号）、直剪、钢丝刷、美容师梳、趾甲剪、止血钳、止血粉、吹风机、吸水毛巾、防水围裙、宠物香波、脱脂棉、洗眼液、拔毛粉等。

（2）贵宾犬做好基础护理，洗浴、吹干、拉直被毛备用。

（3）学生应预先学习本任务知识链接中的相关知识点，教师也可先讲解相关重点内容。

【任务实施】

把学生分成2～3人1组，以小组为单位，在教师的指导下完成以下任务：

（1）以小组为单位，查阅资料，在教师的指导下学习贵宾犬泰迪装造型修剪的方法。

（2）在教师的指导下，按要求完成贵宾犬泰迪装造型的修剪。

（3）各组展示修剪泰迪装后的贵宾犬。

【任务评价】

任务实施完成后，采取小组互评或教师点评等方式对修剪泰迪装后的贵宾犬进行评价，可按下表进行评分。

贵宾犬泰迪装造型修剪评价表

考核项目	要求	分值	得分
工作态度和纪律	积极完成任务，能团结协作。	10	
美容工具的使用	能正确操作各种美容工具。	10	
基础护理	洗澡前被毛梳理通顺，耳朵清理干净，趾甲按要求修剪，清理肛门腺，洗浴后彻底吹干，被毛拉直，剃干净脚底毛、腹底毛、肛门位的毛发。	10	
头部、脸部的修剪	"8"字头或圆头的修剪。	15	
四肢修剪	前肢修剪成"保龄球"形。后肢修剪出自然的倾斜，呈喇叭筒形，飞节角度有自然曲线。	10	
臀部修剪	臀部修剪出约30°的斜面。	10	
背线修剪	修剪水平背线。	10	
腰线修剪	有适当收腰曲线。	5	
腹线修剪	修剪平滑，与侧腹部衔接自然，修剪成前低后高的斜线。	5	
耳朵修剪	耳朵修剪呈扇形，上略窄，下略宽。	5	
整体修剪效果	整体修剪效果好。	10	
合　计		100	

【知识链接】

贵宾犬家庭宠物装比较具代表性的是泰迪装。泰迪装造型特点：身体用剪刀或电剪适当剪短（干净、利落，突显头部），修剪要圆润，四肢毛发可稍留长，后肢与臀部修圆润，飞节弧度清晰，前肢可做"保龄球"形修剪。下面主要介绍贵宾犬泰迪装造型的修剪。

（一）泰迪装电剪修剪的部位

家庭宠物装中的泰迪装，身体部分可用4F电剪刀头剃短（或用直剪剪短）：

（1）背部：从枕骨后3～4指剃至尾根。

（2）前胸：从喉结剃至前腿之间，并向内过渡剃到肘部。

（3）侧身：肩胛骨最高点到肘关节此垂直线向后剃至腰腹处。

（4）后躯：腰腹处到坐骨端假想线以上的部分剃短。

（5）注意事项：

①贵宾犬的脚可剃可不剃，可根据主人需求而定。

②肩外侧下部和后腿外侧不需剃太多，便于修剪时与腿部作良好的过渡。

③身体部分也可以直接用直剪修剪，但应剪得比较短。

（二）泰迪装四肢的修剪

泰迪装造型中，四肢用直剪修剪成以下形状：

（1）前肢修剪成"保龄球"形。

（2）后肢修剪成自然的倾斜，呈喇叭筒形。

（三）泰迪装头部的修剪

泰迪装头部造型有多种样式，其中"8"字头型是目前较流行的头型之一。"8"字头型如图7-1-48所示。

泰迪装"8"字头修剪方法介绍如下：

1. 修剪额段
两内眼角之间剪通，如图7-1-49所示。

2. 修剪眼睛
眼睛修一字线。剪刀贴住额段指向外眼角修剪，剪刀刃向外倾斜45°剪一条不超过外眼角的斜线，如图7-1-50所示。

3. 分开"8"字头的上下1/2
从外眼角向脸颊的方向平移出一个眼睛的宽度，至同侧的耳孔修出一条浅浅的斜线，作为分界线。

注意事项：①此时剪刀尖向外倾斜45°剪，不可贴皮剪。②此时将耳朵向上翻剪，如图7-1-51所示。

4. 分开"8"字头前后1/2

从外眼角向脸颊外侧稍剪一痕迹，分开口吻与脸，如图7-1-52所示。

注意事项：剪刀不可贴皮剪太深，剪出痕迹即可。

5. "8"字头上下、前后圆弧连接

（1）用直剪修剪使外眼角处圆弧连接上下，如图7-1-53所示。

（2）脸颊处圆弧连接前后1/2：将口吻后脸颊处长毛剪短，突显面包嘴，如图7-1-54所示。

注意事项：此处剪短，但不可贴皮剪，只要比面包嘴短即可，此处的修剪可以用牙剪来修剪。

图7-1-48 泰迪装的"8"字头型

图7-1-49 修剪额段

图7-1-50 眼睛修剪一字线

图7-1-51 分开"8"字头上下1/2

图7-1-52 分开"8"字头前后1/2

图7-1-53 修剪外眼角处圆弧连接上下

图 7-1-54　脸颊处圆弧连接前后 1/2

图 7-1-55　从眼睛上方圆向头顶

6. "8"字头上 1/2 的修剪

头顶修圆，耳位提高至外眼角水平线以上。

头顶修圆的方法：

（1）前侧：眼睛上方先 45°修剪，再 45°圆向头顶修剪，如图 7-1-55 所示。

（2）两侧：耳根上方 45°圆向头顶修剪，注意耳根耳位应清晰，不可横着剪，如图 7-1-56 所示。

（3）后侧：枕骨上方 45°圆向头顶修剪，如图 7-1-57 所示。

（4）最后，头顶四个面去角修圆。

7. "8"字头下 1/2 的修剪

以鼻镜为中心修圆，修成"面包嘴"。

"面包嘴"的修剪方法分 5 个面来修剪：

（1）前侧：将口吻的毛向前梳，剪掉超过鼻镜的毛发，之后将口吻的毛呈放射状梳起。

（2）上侧：鼻梁上方水平剪，保留 1 cm 左右长度的被毛，如图 7-1-58 所示。

（3）两侧：以头上 1/2 的宽度作参考，两侧垂直剪，如图 7-1-59 所示。

（4）下侧：以鼻镜为"面包嘴"的中心，下巴剪短，做扁平圆弧，如图 7-1-60 所示。

（5）最后，各个面去角修圆，形成扁圆的"面包嘴"。

图 7-1-56　耳根上方 45°圆向头顶

图 7-1-57　枕骨上方 45°圆向头顶

图 7-1-58 修剪"面包嘴"上侧

图 7-1-59 修剪"面包嘴"两侧

图 7-1-60 修剪"面包嘴"下侧

图 7-1-61 美容后的"8"字头泰迪装

（四）耳朵的修剪

1. 外侧：修圆润，呈上略窄、下略宽的形状，可修成扇形等形状。

2. 边缘：修清晰、修圆。

修剪好的贵宾犬"8"字头型泰迪装如图 7-1-61 所示。

【知识拓展】

（一）贵宾犬家庭宠物装的其他造型

贵宾犬家庭宠物装除了上述"8"字头型的泰迪装外，其他造型常见的还有圆头（如图 7-1-62 所示）、花生头、耳麦头、蘑菇头等。各种宠物装造型的修剪中，身体和四肢部分的修剪可参考泰迪装的修剪方法。

贵宾犬"圆头"造型的头部修剪方法简单介绍如下：

（1）分开头和前胸的界限：喉结处贴住皮肤横向修剪。

（2）两侧修剪：耳朵翻起来，垂直修剪飞毛。

（3）头顶修剪：

①额段：内眼角剪干净。

②眼睛：修剪"一字线"。

③外眼角两侧要顺毛修剪。

④耳位：耳根要清晰。

⑤头顶整体修圆。

（4）"面包圈"的修剪：放射性梳毛，鼻梁上方水平修剪，毛长保留 1 cm 左右，两眼角前方修成半圆形，不挡眼即可，同时与脸侧面过渡。

（5）细修：以鼻镜为中心→下巴→喉结→喉结延长线→耳孔→头顶做圆形修剪。

身体部分的修剪可参照泰迪装的修剪方法。修剪好的圆头如图 7-1-63 所示。

图 7-1-62　贵宾犬的圆头示意图　　图 7-1-63　修剪后泰迪装的圆头

（二）贵宾犬的赛级装造型简介

贵宾犬赛级装造型有幼犬的芭比装（Puppy clip，12 月龄以下）、欧洲大陆装、英国马鞍装、运动装等造型，如图 7-1-64 至图 7-1-67 所示。

图 7-1-64　欧洲大陆装　　图 7-1-65　英国马鞍装（来源于波奇网）

图 7-1-66　芭比装　　图 7-1-67　运动装（来源于家园网）

任务二　比熊犬造型修剪

任务单

项目名称	项目七　宠物美容造型设计		
任务二	比熊犬造型修剪	建议学时	6
任务	给比熊犬修剪造型。		
技能	比熊犬造型的修剪。		
知识目标	1. 了解比熊犬品种特点。 2. 熟悉比熊犬造型修剪的方法。		
技能目标	会比熊犬的造型修剪。		
素质目标	具有分析问题、处理问题和解决问题的能力，有团队协作精神。		
任务描述	比熊犬是较常见的家庭宠物犬，也是宠物美容的基础，学生学习后应能熟练地掌握这种犬造型的修剪。		
资讯问题	1. 简述比熊犬头部修剪的方法步骤和比熊犬头部造型的特点。 2. 给比熊犬修剪出造型。		
学时安排	资讯：1.0学时	计划与决策：0.5学时	实施：4学时	评价：0.5学时

【任务布置】

教师布置任务：给比熊犬修剪造型。

【任务准备】

（1）器材准备：宠物美容室、美容桌、电剪、电剪刀头（10号）、直剪、钢丝刷、美容师梳、趾甲剪、止血钳、止血粉、吹风机、吸水毛巾、美容防水围裙、宠物香波、脱脂棉、洗眼液、拔耳毛粉等。

（2）比熊犬做好基础护理，洗浴、吹干、拉直被毛备用。

（3）学生应预先学习本任务知识链接中的相关知识点，教师也可先讲解相关重点内容。

【任务实施】

把学生分成2~3人1组，以小组为单位，在教师的指导下完成以下任务：

（1）以小组为单位，查阅资料，在教师的指导下学习比熊犬造型修剪的方法。

（2）在教师的指导下，按要求完成比熊犬造型的修剪。

（3）各组展示修剪造型后的比熊犬。

【任务评价】

任务实施完成后，采取小组互评或教师点评等方式对各组修剪好的比熊犬进行评价，可按下表进行评分。

比熊犬造型修剪评价表

考核项目	要求	分值	得分
工作态度和纪律	积极完成任务，能团结协作。	10	
美容工具的使用	能正确操作各种美容工具。	10	
基础护理	洗澡前被毛梳理通顺，耳朵清理干净，趾甲按要求修剪，清理肛门腺，洗浴后彻底吹干，被毛拉直，剃干净脚底毛、腹底毛、肛门位的毛发。	10	
头部、脸部的修剪	头部、下颌与耳朵饰毛浑然一体，眼睛陷入饰毛中。	10	
四肢修剪	前肢修成圆柱形，后肢修圆，飞节角度有自然曲线。	10	
臀部修剪	臀部修剪出一个约30°或45°的斜面。	10	
背线修剪	背线修剪水平。	10	
腰线修剪	有适当收腰曲线。	5	
腹线修剪	修剪平滑，与侧腹部衔接自然，修剪后呈前低后高的斜线。	5	
整体效果	整个造型修剪符合比熊犬造型的特点，整体造型效果好。	20	
合　　计		100	

【知识链接】

一、比熊犬的品种特点

比熊犬产于地中海地区，身高在 24.1～29.2 cm 之间。体长略长于体高，体长比身高长 1/4，长方形体形。体重 3～6 kg。眼睛圆、黑色或深褐色，眼圈黑色，过大或过分突出的眼睛、杏仁状的眼睛及歪斜的眼睛都属于缺陷，经外眼角和鼻尖连成的虚线，正好构成一个等边三角形。耳朵下垂，耳朵的位置略高于眼睛所在的水平线，并且在脑袋比较靠前的位置，耳朵隐藏在头部的毛发中。背线直、水平，趾甲控制在比较短的状态下。

被毛为不脱落卷毛型，底毛呈螺旋生长。尾巴有许多饰毛，尾巴的位置与背线齐平，不得断尾，尾巴温和地卷在背后。被毛颜色为白色，全身允许不超过 10% 的浅黄色、奶酪色或杏色阴影，幼犬身体上出现这些颜色则不属于缺陷。

二、比熊犬造型修剪

美容前的比熊犬如图 7-2-1 所示。

图 7-2-1　美容前的比熊犬

比熊犬造型修剪方法步骤如下：

（一）修剪尾根

（1）用牙剪在尾根处修剪出一个长度约 2 cm 的圆柱形，留毛长度约为 1 cm。肛门处用牙剪修剪，露出肛门，如图 7-2-2 所示。

（2）在尾根圆柱底部，用直剪修剪一圈，剪短。

（二）修剪足圆

把腿拿起来，把超过脚垫的被毛剪掉，四脚修成"小碗底"形，大小一致。注意四腿修完后给人粗一点的感觉，不要过小，不露出脚趾。如图7-2-3至图7-2-5所示。

（三）修剪股线

尾根两侧修剪出一个30°的斜面。股线前端不超过尾根，臀部可修成一个小苹果形状。如图7-2-6所示。

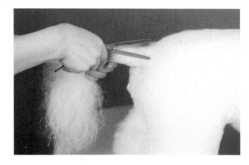

图7-2-2　尾根修剪出约2 cm长的圆柱形

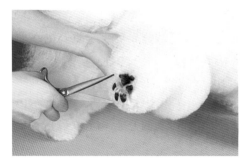

图7-2-3　修剪超过脚垫的毛

图7-2-4　足部修剪，不露出脚趾

图7-2-5　修剪足圆

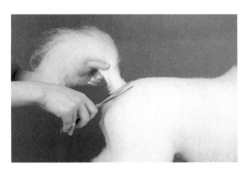

图7-2-6　30°角修剪股线

143

（四）修剪后驱及背部

从股线前端至身长前 1/3 的后沿修一水平面，肩胛骨后留出 3 指左右先不剪，留作与脖子过渡用，如图 7-2-7 所示。

（五）修剪臀部

由股线下端开始剪一个垂直的平面或稍向内倾斜的斜面，至生殖器水平连线，如图 7-2-8 所示。

（六）修剪飞节角度

由生殖器侧面开始至飞节最高点呈 45°弧形连接，如图 7-2-9 所示。

（七）修剪飞节以下

飞节以下修剪一个 45°斜面与脚垫连接（或垂直修圆柱），修剪时剪刀尖指向脚垫修剪，如图 7-2-10 所示。

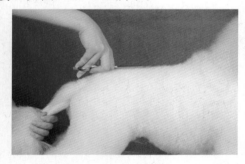

图 7-2-7　股线前端至身长前 1/3 的后沿剪一平面

图 7-2-8　臀部修剪一个垂直的平面或稍向内倾斜的斜面

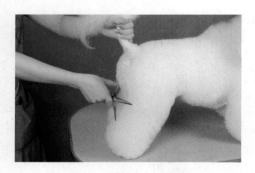

图 7-2-9　45°修剪飞节角度

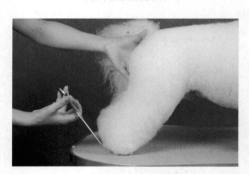

图 7-2-10　飞节以下 45°与脚垫连接

（八）修剪后腿

修剪后腿的另外三个面：

外侧：修垂直面或稍向外倾斜的斜面。从背部边缘到脚外侧修垂直面或稍向外倾斜的斜面，如图 7-2-11 所示。

前侧：即膝盖线处，修斜线。从腰的下端到脚尖修自然的斜线，如图 7-2-12 所示。

内侧：修垂直面，两后腿呈倒"U"形，如图 7-2-13 所示。

各垂直面连接处去角修圆。

（九）修剪腰线

比熊犬的腰线不需要剪得太明显，有即可。通常在最后一根肋骨或身长后约 1/3 处修剪腰线。修剪时腰线前后部作声波状圆弧连接，从腰线最下端开始从下往上作声波状划弧，越往上弧度越大，直到与侧身连接，如图 7-2-14 所示，腰线俯视图如图 7-2-15 所示。

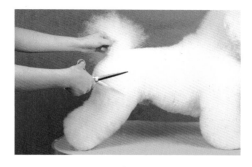

图 7-2-11 后腿外侧修垂直面或稍向外
倾斜的斜面

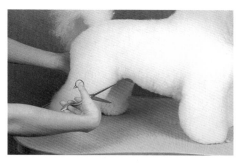

图 7-2-12 后腿前侧修斜线

图 7-2-13 后腿内侧修垂直面

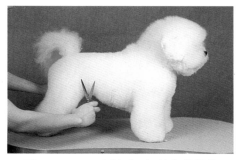

图 7-2-14 身长后 1/3 处修剪腰线

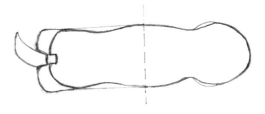

图 7-2-15 腰线俯视图

（十）修剪腹线

腰线下端到肘部修剪出一条倾斜的连线，如图 7 - 2 - 16 所示。腹线也可以修剪成躺着的"S"形，即在腹线的前端肘关节处修剪出一个向上收的弧度。

（十一）修剪侧身

侧身作放射状的圆筒形修剪，如图 7 - 2 - 17 所示。侧身的最高点是坐骨端的水平线。

（十二）修剪前胸

前胸作一个扁平的圆弧状修剪，如图 7 - 2 - 18 所示。由喉结向下至胸骨尽量剪短，胸底部两腿之间修平。

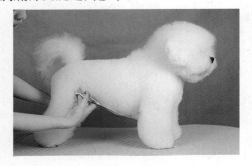

图 7 - 2 - 16　修剪出一条倾斜的腹线

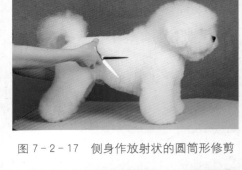

图 7 - 2 - 17　侧身作放射状的圆筒形修剪

图 7 - 2 - 18　前胸作一个扁平的圆弧状修剪

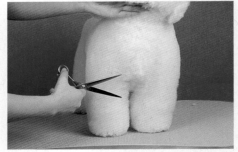

图 7 - 2 - 19　前腿前侧修垂直面

（十三）修剪前腿

两前腿修圆柱形。方法如下：

前侧：修垂直面，突显前胸，如图 7 - 2 - 19 所示。

后侧：修垂直面，适当留长毛，如图 7 - 2 - 20 所示。

外侧：修垂直面，与肩同宽。

内侧：修垂直面，如图 7 - 2 - 21 所示。两腿之间的间隙不可过宽，约为 2 cm。

最后，腿部的四个面连接处去角修圆。

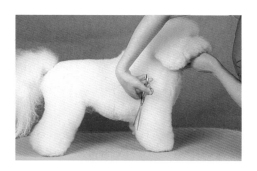

图 7 - 2 - 20　前腿后侧修垂直面

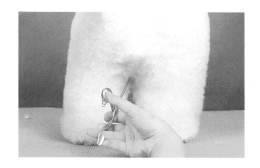

图 7 - 2 - 21　前腿内侧修垂直面

（十四）修剪眼睛

两眼之间剪通，修剪成"M"形。修剪方法如下：

（1）修剪额段，两眼之间剪通，额段宽不要超过两内眼角宽，如图 7 - 2 - 22 所示。

（2）修剪眼睛，剪成"M"形。

修剪"M"上侧与外侧：

"M"的上侧：剪刀贴住额段，剪刀刃向外倾斜 45°到外眼角剪斜线，一层一层修剪毛发。注意：此斜线的长度不可超过外眼角，此斜线的高度不可超过上眼皮。

"M"的两侧：从外眼角向脸颊的方向修剪一条自然斜线。注意：此斜线的长度不可超过眼睛的高度。

图 7 - 2 - 22　修剪额段

（十五）修剪圆头

圆头修剪方法如下：

1. 正面圆

头圆的底沿（喉结处）横向剪平，头顶平着剪，两侧垂直剪，然后各个面连接处去角修圆。

2. 侧圆

分为侧圆的上 1/2 和下 1/2，上 1/2 应大于下 1/2。

（1）侧圆下 1/2 的修剪：

①做侧圆的基准线（即侧圆下 1/2 的下边），基准线的 3 个点为鼻镜、喉结、耳豆，将此 3 个点用弧线连接。

注意：此时耳朵应向上翻起来作弧线连接修剪。

②做脸颊的修剪（即侧圆下 1/2 的侧面）：以上面的基准线作为参考，修一个饱满圆润的脸颊。注意：此时应在耳朵下垂的状态下修剪。

（2）侧圆上 1/2 的修剪：

①侧圆上 1/2 的上沿：即上 1/2 的正面，先找到 3 个点——额段、头顶、枕骨，然后用弧线把 3 个点连接，如图 7-2-23 所示。

②侧圆上 1/2 的侧面：以上 1/2 正面的弧度作参考来修剪此处，最后做一个饱满圆润的圆头。

图 7-2-23　额段、头顶、枕骨弧线连接

（十六）修剪颈部

（1）颈部后侧：作拱形连接，如图 7-2-24 所示。

（2）颈部侧面：圆弧连接至肩外侧，如图 7-2-25 所示。

（十七）修剪尾巴

修剪尾巴时可用牙剪。对尾尖及下部多余乱毛稍作修剪即可，如图 7-2-26 所示。

美容后的比熊犬如图 7-2-27 所示。

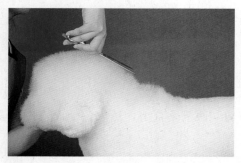

图 7-2-24　颈部后侧作拱形修剪

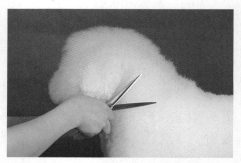

图 7-2-25　修剪颈部侧面

图 7 - 2 - 26 修剪尾巴

图 7 - 2 - 27 美容后的比熊犬

技术提示

（1）比熊犬整体造型突出一个"圆"字，头部修剪时要注意突出头部圆形的特点，耳朵、下颌与头部饰毛浑然一体，眼睛陷入饰毛中。

（2）脚趾边的毛发修圆，不露趾甲。

任务三　博美犬造型修剪

任务单

项目名称	项目七　宠物美容造型设计			
任务三	博美犬造型修剪	建议学时		6
任务	给博美犬修剪出家庭宠物装造型。			
技能	博美犬造型的修剪。			
知识目标	1. 了解博美犬品种特点。 2. 熟悉博美犬造型的修剪方法。			
技能目标	会博美犬家庭装造型的修剪。			
素质目标	具有分析问题、处理问题和解决问题的能力，有团队协作精神。			
任务描述	博美犬是当今备受欢迎的小型玩赏犬，属于体毛丰富的犬只，学生学习后应熟练地掌握这种犬造型的修剪。			
资讯问题	1. 画图说明博美犬臀部修剪时的运剪方向。 2. 博美犬修剪的要点有哪些？ 3. 画图说明博美犬耳朵修剪时的三刀剪法。			
学时安排	资讯：1.0学时	计划与决策： 0.5学时	实施：4学时	评价：0.5学时

【任务布置】

教师布置任务：给博美犬修剪出家庭宠物装造型。

【任务准备】

（1）器材准备：宠物美容室、美容桌、电剪、电剪刀头（10 号）、美容剪、美容师梳、木柄针梳、趾甲剪、止血钳、止血粉、吹风机、吸水毛巾、美容防水围裙、宠物香波、脱脂棉、洗眼水、拔耳毛粉等。

（2）博美犬做好基础护理，洗浴、吹干、拉直被毛备用。

（3）学生应预先学习本任务知识链接中的相关知识点，教师也可先讲解相关重点内容。

【任务实施】

把学生分成 2～3 人 1 组，以小组为单位，在教师的指导下完成以下任务：

（1）以小组为单位，查阅资料，在教师的指导下学习博美犬造型修剪的方法。

（2）在教师的指导下，按要求完成博美犬家庭宠物装造型的修剪。

（3）各组展示修剪造型后的博美犬。

【任务评价】

任务实施完成后，采取小组互评或教师点评等方式对各组修剪好的博美犬进行评价，可按下表进行评分。

博美犬家庭宠物装造型修剪评价表

考核项目	要求	分值	得分
工作态度和纪律	积极完成任务，能团结协作。	10	
美容工具的使用	能正确操作各种美容工具。	10	
基础护理	洗澡前被毛梳理通顺，耳朵清理干净，趾甲按要求修剪，清理肛门腺。洗浴后彻底吹干，被毛拉直，剃干净脚底毛、腹底毛。	10	
尾巴修剪	将尾根部约 1 cm 长度的毛剪短，尾巴修剪成扇形。	5	
四肢修剪	前肢修圆，后肢修圆呈"鸡大腿"状。	5	
臀部修剪	定出臀部高低点，将两侧臀部修成梨形。	10	
背部和侧身修剪	背部和侧身修剪飞毛。	10	
腰线修剪	有适当收腰曲线。	5	
腹线修剪	腹线修剪成一条斜线。	5	
前胸与脖子修剪	定出前胸高低点，将前胸修剪饱满。	10	
耳朵修剪	采用三刀剪法将耳尖修成三角形。	5	
足部修剪	脚面修剪成猫足状。	5	
整体效果	整个造型修剪符合博美犬造型的特点，整体造型效果好。	10	
合　　计		100	

【知识链接】

一、博美犬的品种特点

博美犬原产于德国，是德国狐狸犬的一种，它拥有柔软、浓密的底毛和粗硬的披毛，身高 18～25 cm，体重 1.3～3.5 kg，AKC 分类属于玩具犬组。

博美犬体形有毛时似球形，无毛时接近正方形，身高大于身长（10∶9）。眼睛为黑色、杏仁形，面相甜美。鼻镜小，黑色，鼻尖周围颜色较深（有良好的黑色素），耳朵耳位高，直立，呈小三角形。两前腿笔直且相互平行，脚尖向前，脚掌紧凑，呈猫足状，足部较小。两后腿相互平行，飞节垂直于地面。背线直，水平。尾巴尾位高，向背上卷曲，尾根在背线末端，尾尖笔直不弯曲。

博美犬的体系有美系和哈多利系等。美系骨骼粗壮、嘴圆、眼睛大、耳朵小，哈多利系骨骼纤细紧凑、嘴较小、眼睛较小、耳朵大。

二、博美犬家庭宠物装造型的修剪

美容前的博美犬如图 7-3-1 所示。

图 7-3-1　美容前的博美犬

博美犬家庭宠物装造型修剪的方法如下：

（一）修剪四肢足圆（大直剪、牙剪）

用剪刀尖向外倾斜 45°修圆足部成猫足状。脚趾缝间的毛用手指挑起，用牙剪剪平，如图 7-3-2、图 7-3-3、图 7-3-4 所示。

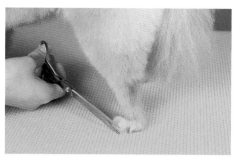

图 7 - 3 - 2　修剪足圆成猫足状

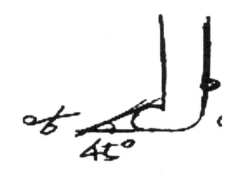

图 7 - 3 - 3　足面的修剪示意图

图 7 - 3 - 4　修好的猫足状

图 7 - 3 - 5　修剪尾根的三个面

（二）修剪尾根（牙剪）

将尾巴提起，用牙剪将约 2 cm 长度的尾根毛发剪短，此处被毛所留长度约为 1 cm。修剪尾根的三个面即可，尾根的前侧不剪，如图 7 - 3 - 5 所示。此处修剪的目的主要是为了使尾根处不要过于臃肿，使尾巴伏贴于背上。

修剪时的注意事项：

（1）剪刀尖指向尾尖修剪。

（2）剪刀不可贴皮剪。

（3）尾根的毛不可剪得太短。

（三）修剪臀部（直剪、牙剪）

用直剪或牙剪将两侧臀部修成梨形。

1. 剪出臀部中间的缝（直剪）

由肛门处开始向下修剪，运剪时剪刀竖起，剪刀尖向下剪。

2. 修剪股线（牙剪）

以尾根为中心，剪刀倾斜向外修剪，并与腿外侧圆弧衔接。

3. 确定臀部高低点（两低一高）

臀部的最高点在坐骨端（即整个臀部的上 1/3 处），最低点在尾根和飞节处。

4. 梨形臀部的修剪（直剪）

以坐骨端为臀部的最高点，以尾根和飞节处为最低点，将臀部修成梨形。修剪时运剪方法如下：

（1）臀部右半边：

①上半部：剪刀尖指向尾根，从里往外运剪。

②下半部：剪刀尖指向飞节，从外往里运剪。

（2）臀部左半边：

①上半部：剪刀尖指向尾根，从外往里运剪。

②下半部：剪刀尖指向飞节，从里往外运剪。

如图7-3-6所示。先修剪完一侧臀部再修剪另一侧臀部。修剪好的臀部如图7-3-7所示。

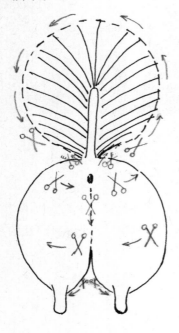

图7-3-6 臀部运剪方向

图7-3-7 修剪好的臀部（张江，2008）

（四）修剪后腿（直剪、牙剪）

后腿修圆呈"鸡大腿"状。

（1）后腿内侧：剪刀尖向下倾斜修剪，把杂毛修剪掉。修剪时剪刀尖指向飞节方向修剪，如图7-3-8、图7-3-9所示。

（2）飞节以下用牙剪修剪杂毛，修成小圆柱。

（3）后腿外侧：顺毛修剪与臀部连接，如图7-3-10、图7-3-11所示。

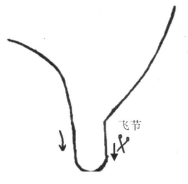

图 7-3-8　修剪后腿运剪方向

（王艳立等，2011）

图 7-3-9　后腿修剪时剪刀尖指向飞节

图 7-3-10　后腿外侧顺毛修剪

图 7-3-11　后腿外侧顺毛修剪与臀部相连

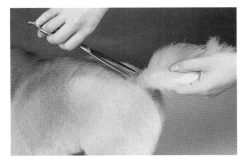

图 7-3-12　剪刀尖指向尾根方向修剪尾根前部

图 7-3-13　修剪尾根前部的乱毛

（五）尾根前部修剪（牙剪）

以尾根为宽度，向臀部方向修剪尾根前部被压的乱毛，并与两侧衔接。注意修剪时剪刀尖指向尾根方向运剪，如图 7-3-12、图 7-3-13 所示。

（六）修剪背部（牙剪）

把背部翘起来的乱毛顺毛修整齐即可，如图 7-3-14 所示。

图 7-3-14　修剪背部乱毛

图 7-3-15　修剪腰线

（七）修剪腰线（牙剪）

在腰部最低点处修剪腰线，将长毛修剪短。腰线修剪如图 7-3-15 所示，修剪好的腰线如图 7-3-16 所示。

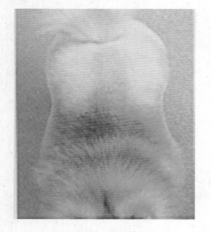

图 7-3-16　修剪好的腰线（张江，2008）

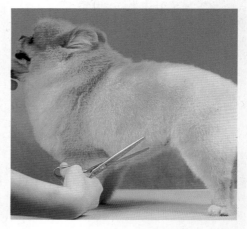

图 7-3-17　修剪腹线

（八）修剪腹线（牙剪）

从腰腹最低点处剪刀稍提高，倾斜修剪。修剪时由腹底外侧往腹底里侧修剪。如图 7-3-17 所示。

修剪腹线时，如果四肢长得过长或过短，应注意修正。修正方法：四肢长的犬，腹线修剪幅度小些，毛留长些；四肢短的犬，腹线修剪幅度大些，毛留短些，如图 7-3-18、图 7-3-19 所示。

图 7-3-18　四肢长，腹线毛留长些

（王艳立等，2011）

图 7-3-19　四肢短，腹线毛留短些

（王艳立等，2011）

（九）修剪侧身（牙剪）

侧身顺毛梳，修飞毛。把飞毛修剪整齐即可，如图 7-3-20 所示。

（十）修剪前腿（大直剪）

把脚拿起，剪刀贴在脚垫处，剪刀倾斜剪，把肘关节处的毛修成"三角旗"状，如图 7-3-21 所示。修剪后的"三角旗"外侧与腹线连成一条线。前脚其他三面的杂毛用牙剪修剪整齐即可。

图 7-3-20　侧身顺毛修剪

图 7-3-21　修剪前腿成"三角旗"

（十一）修剪前胸（直剪、牙剪）

前胸修剪很重要，修剪后一定要给人挺胸抬头的感觉，使胸部浑圆、饱满。

1. 确定胸部的高低点（两低一高）

（1）以下巴连接处为最低点。

（2）以胸骨的斜上方为最高点。

（3）以两前腿之间肘关节处为最低点。

2. 将前胸分为上下两部分修剪

（1）上半部分：剪刀尖向上，从左到右，圆弧修剪。

（2）下半部分：剪刀尖向下，从右到左，圆弧修剪。

之后，以胸骨的斜上方为胸部最高点圆弧连接上下部分。

3. 两前腿间肘关节处剪平，与腹部剪通

胸部修剪运剪方向如图 7 - 3 - 22 所示，胸底修剪如图 7 - 3 - 23 所示。修剪后的胸部如图 7 - 3 - 24 所示。

图 7 - 3 - 22　前胸修剪运剪示意图

图 7 - 3 - 23　胸底处剪平

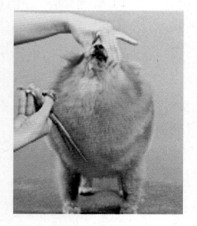

图 7 - 3 - 24　胸部修剪饱满（张江，2008）

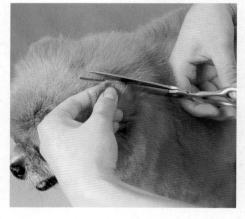

图 7 - 3 - 25　耳尖修成略呈三角形

（十二）修剪耳朵（大直剪）

用滑剪的方法修剪耳尖边缘，只剪耳尖。采用三刀剪法将耳尖修成略呈三角形的形状。

首先用拇指与食指捏住耳朵边缘，并以指尖护住耳朵，于耳尖处横剪一刀，耳尖两侧再各剪一刀，以圆滑方式去除两边的棱角，让两耳看起来小而隐于头毛中，如图 7 - 3 - 25、图 7 - 3 - 26 所示。两耳尖处背侧的杂毛也可以稍微修薄些，但不要露出皮肤。修剪后的耳尖如图 7 - 3 - 27 所示。

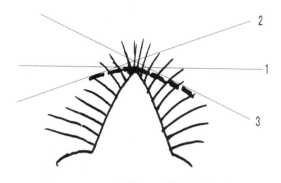

图 7-3-26 耳朵三刀剪法修剪示意图

图 7-3-27 修剪后的耳朵（张江，2008）

耳朵的修正：如果两耳距离大，则将耳朵外边缘毛多剪，内边缘毛少剪；若耳朵长得很紧凑，则耳朵外边缘毛少剪，内边缘毛多剪，如图 7-3-28、图 7-3-29 所示。

图 7-3-28 两耳距离小的修正方法

（王艳立，2011）

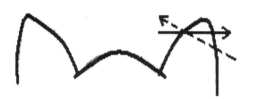

图 7-3-29 两耳距离大的修正方法

（王艳立，2011）

（十三）修剪尾巴（直剪）

把尾巴翻向后背，修成"葵扇"状。尾巴长短的标准：自然站立时，头部抬起角度合适时，用手把尾巴拉直，尾尖能碰到头顶，超过头顶的毛要剪去。尾巴的修剪方法如图 7-3-30 所示。修剪好的尾巴如图 7-3-31 至图 7-3-33 所示。

家庭装的尾部修剪无固定形式，扇形、半月形均可。赛级装要求尾部修剪为扇形，且头尾交接为佳。

图 7-3-30 尾巴的修剪方法

图 7-3-31 扇形尾巴（张江，2008）

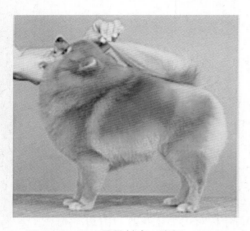 

图 7 - 3 - 32　尾巴长度（张江，2008）　　　图 7 - 3 - 33　尾尖能到头顶（张江，2008）

（十四）修剪胡子

脸上胡须的修剪须经主人同意。修剪时，一根根地剪掉即可。

（十五）左右两边对称，完成修剪

完成美容后的博美犬，如图 7 - 3 - 34 所示。

图 7 - 3 - 34　美容后的博美犬

技术提示

博美犬修剪的运剪方向如图 7 - 3 - 35 所示。博美犬的家庭装应以直剪为主，牙剪为辅，而赛级装则是牙剪为主，直剪为辅。

图 7 - 3 - 35　博美犬运剪示意图

【知识拓展】

三、博美犬的其他造型修剪

（一）博美犬狮子装的修剪

博美犬狮子装的修剪分电剪修剪和剪刀修剪两部分。

1. 电剪修剪部分（7F 刀头）

（1）背部：脖子（肩胛骨最高点）顺毛向后剃至犬的坐骨端，剃一水平面。（说明：用 7F 刀头剃，会剃得很自然，与前胸留的毛有一个对比，更能突出狮子一样的胸脯。）

（2）前胸：前胸下 1/2（胸骨下面）剃至两前腿间，腹部被毛也要剃掉。

（3）后腿：后腿剃至飞节（可剃至飞节上一指，作过渡用）水平线，飞节以下的毛不剃，留着。

（4）前腿：前腿剃的位置参考后腿的留毛高度。

（5）尾巴：尾巴剃掉 1/2，留下 1/2 的毛。

2. 剪刀修剪部分

（1）修剪足圆。

（2）后腿飞节以下被毛与前腿被毛可不作修剪。

（3）前胸被毛可不修剪，或者只用牙剪对电剪剃过的边缘做衔接修剪即可。

（4）尾巴：剪成毛笔状。

修剪好的博美犬狮子装如图 7 - 3 - 36 所示。

图 7 - 3 - 36 博美犬狮子装

图 7 - 3 - 37 博美犬松鼠装

（二）博美犬松鼠装的修剪

全身手剪操作。用直剪将全身被毛剪短即可，与家庭装修剪方式相同，只是比家庭装留毛要短些。修剪好的松鼠装如图 7 - 3 - 37 所示。

（三）博美犬俊介装的修剪

近几年，日本萌宠俊介君红遍全球。"俊介"造型早已深入人心，成为博美犬造型中的一个经典，这种造型毛发修剪得较短，夏季修剪俊介装会更显清凉。造型修剪完成后，可以给狗狗戴个小围巾或者小围嘴等。扎上时尚的围巾是打造"俊介范儿"的关键。

俊介装的重点在于凸显圆润的头部，修剪的方法如下：

1. 电剪修剪部分（4F 刀头）

（1）背上：从枕骨后 3～4 指剃至尾根。

（2）前胸：从喉结剃至两前腿间。

（3）侧身：从肘关节剃至腰腹处，腹部被毛也需剃除。

（4）臀部：不剃。

2. 手剪部分

（1）头部（牙剪）：

从喉结处贴近皮肤横向修剪，下巴尽量剪短，然后按下巴→喉结延长线→耳孔→头顶的顺序修圆。头部后侧与脖子电剪修剪部分衔接整齐，修圆润。

（2）耳朵：修圆。

（3）四肢：前腿修小圆柱，后腿沿着腿形修成"小鸡腿"状。

（4）尾巴：修成松鼠状、惊叹号状、圆柱等。

最后，电剪修剪过的不整齐的地方，再用剪刀修剪整齐。修剪好的俊介装如图7-3-38所示。

图7-3-38　博美犬俊介装

任务四　迷你雪纳瑞犬造型修剪

任务单

项目名称	项目七　宠物美容造型设计		
任务四	迷你雪纳瑞犬造型修剪	建议学时	6
任务	给迷你雪纳瑞犬修剪造型。		
技能	迷你雪纳瑞犬造型的修剪。		
知识目标	1. 了解迷你雪纳瑞犬品种特点。 2. 熟悉迷你雪纳瑞犬造型的修剪方法。		
技能目标	会迷你雪纳瑞犬造型修剪。		
素质目标	具有分析问题、处理问题和解决问题的能力，有团队协作精神。		
任务描述	迷你雪纳瑞犬是当今备受欢迎的小型玩赏犬，属于体毛丰富的犬只，学生学习后应熟练地掌握这种犬造型修剪的方法。		
资讯问题	1. 迷你雪纳瑞犬的头部应该如何修剪？ 2. 迷你雪纳瑞犬造型中的裙边应如何定位？ 3. 迷你雪纳瑞犬的眉毛应如何修剪？ 4. 简述迷你雪纳瑞犬造型修剪的方法。 5. 请标出迷你雪纳瑞犬剃身体时电剪运剪方向。		
学时安排	资讯：1.0学时	计划与决策：0.5学时	实施：4学时	评价：0.5学时

【任务布置】

教师布置任务：给迷你雪纳瑞犬修剪造型。

【任务准备】

（1）器材准备：宠物美容室、美容桌、电剪、电剪刀头（10号）、直剪、钢丝刷、美容师梳、趾甲剪、止血钳、止血粉、吹风机、吸水毛巾、美容防水围裙、宠物香波、脱脂棉、洗眼液、拔耳毛粉等。

（2）迷你雪纳瑞犬做好基础护理，吹干、拉直被毛。吹干时注意腿部的毛逆毛梳理并拉直，胡子、眉毛顺毛吹直。

（3）学生应预先学习本任务知识链接中的相关知识点，教师也可先讲解相关重点内容。

【任务实施】

把学生分成2～3人1组，以小组为单位，在教师的指导下完成以下任务：

（1）以小组为单位，查阅资料，在教师的指导下学习迷你雪纳瑞犬造型修剪的方法。

（2）在教师的指导下，按要求完成迷你雪纳瑞犬造型的修剪。

（3）各组展示修剪造型后的迷你雪纳瑞犬。

【任务评价】

任务实施完成后，采取小组互评或教师点评等方式对各组修剪好的迷你雪纳瑞犬进行评价，可按下表进行评分。

迷你雪纳瑞犬造型修剪评价表

考核项目	要求	分值	得分
工作态度和纪律	积极完成任务，能团结协作。	10	
美容工具的使用	能正确操作各种美容工具。	10	
基础护理	洗澡前被毛梳理通顺，耳朵清理干净，趾甲按要求修剪，清理肛门腺，洗浴后彻底吹干，被毛按要求拉直，剃干净脚底毛、腹底毛。	10	
剃头部、脸部	刀头型号选择正确，头部、耳朵、脸部能按要求用电剪修剪。	15	
剃身躯	刀头型号选择正确，电剪运剪方向正确，用电剪剃出裙边，裙边定位正确。	15	
眉毛的修剪	眉毛作一刀式修剪，左右眉间修剪出一条较窄的分界线。	10	
胡子的修剪	胡子修剪整齐，整个脸成矩形。	5	
四肢的修剪	后肢修成"A"字形，前肢修圆柱形。	5	
整体效果	整个造型修剪符合迷你雪纳瑞犬造型的特点，整体造型效果好。	20	
合　计		100	

【知识链接】

一、迷你雪纳瑞犬的品种特点

迷你雪纳瑞犬是一种强健的、活泼的梗类犬，精于捕鼠，原产于德国，身高 30.5～35.6 cm，体重 6～8 kg，AKC 分类属于梗犬组。

迷你雪纳瑞犬的身体为正方形，比例 1：1，有拱形的眉毛、粗硬的胡须。双层被毛，外层为刚毛，内层被毛紧密，不掉毛、无体臭、体形小，性格好。耳朵耳位高，高于头盖骨上方，耳朵往前半折叠呈"V"字形，立过耳的，立后竖立。背线水平或略向下倾斜，尾巴须断尾，断后直立。

二、迷你雪纳瑞犬的造型修剪

美容前的迷你雪纳瑞犬如图 7-4-1 所示。

图 7-4-1　美容前的迷你雪纳瑞犬

迷你雪纳瑞犬标准造型修剪分为电剪修剪与直剪修剪两部分，方法步骤如下：

（一）电剪修剪

1. 7F 刀头剃的部分

（1）剃背部：枕骨至尾巴，顺毛剃，留尾尖。尾尖留毛处用牙剪剪短，如图 7-4-2 所示。

（2）剃前胸：喉结至胸骨下一指，顺毛剃，如图 7-4-3 所示。

图 7-4-2　从枕骨顺毛剃至尾巴

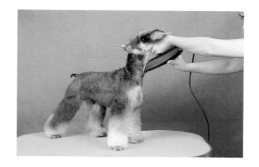

图 7-4-3　喉结顺毛剃至胸骨下一指

（3）剃出裙边：确定上腹线（裙边）位置，剃出裙边，裙边定位如下：

胸骨下一指→肘关节上部一横指→腰腹最低点→飞节上两指，以上四点连线的上部分全部剃光，连线的下部分不剃，留出裙边。如图 7-4-4 至图 7-4-6 所示。

（4）剃大腿后侧：用手托住大腿内侧，将超出手心的毛剃掉，如图 7-4-7 所示。

（5）剃臀部：尾根两侧包括整个臀部剃干净，顺毛剃，如图 7-4-8 所示。

图 7-4-4　顺毛剃至肘关节上部一横指

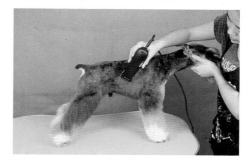

图 7-4-5　顺毛剃至腰腹最低点

图 7-4-6　往飞节方向剃

图 7-4-7　剃大腿后侧

2. 10F 刀头剃的部分

（1）剃头部：

①眉骨至枕骨，用手指按住眉骨顺毛剃，如图 7-4-9 所示。

②眉骨至外眼角水平线，留出眉毛不剃，顺毛剃，如图 7-4-10 所示。

（2）剃脸：耳孔至外眼角垂直线，逆毛剃，留胡子不剃，如图 7-4-11 所示。

（3）剃下颌：喉结至胡子边缘，逆毛剃，剃后呈"U"字形，如图7-4-12所示。

3. 15F 刀头剃的部分

耳朵内外两侧顺毛剃干净，如图7-4-13所示。耳朵内侧可用小电剪剃。

注意：不要剃伤副耳。

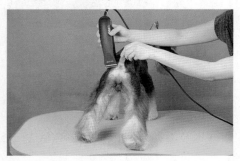

图7-4-8 臀部顺毛剃

图7-4-9 从眉骨顺毛剃至枕骨

图7-4-10 从眉骨顺毛剃到外眼角水平线

图7-4-11 从耳孔逆毛剃至外眼角

图7-4-12 从喉结到胡子边缘逆毛剃

图7-4-13 耳朵顺毛剃

（二）手剪部分

1. 修剪后腿（直剪）

（1）修足圆：剪刀倾斜修足圆，如图7-4-14所示。先把腿拿起，把超过脚垫部分的毛剪掉，再修剪足圆。

（2）修飞节以下：修成圆柱状。飞节最高点到脚垫也可以45°修斜面，如图7-4-

15 所示。

注意：修剪时顺毛挑毛。

（3）修后腿内侧：从上至下修一垂直线。修完后内侧呈"A"字形，如图 7-4-16 所示。

（4）修后腿前侧：腰腹最低点倾斜向下至后脚尖修一斜线，毛尽量留长，如图 7-4 -17 所示。

（5）修后腿外侧：顺毛修整齐，如图 7-4-18 所示。

图 7-4-14 修剪足圆

图 7-4-15 飞节以下修成圆柱状

图 7-4-16 修剪后腿内侧呈"A"字形

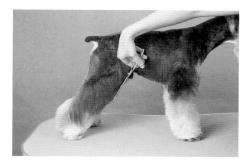

图 7-4-17 后腿前侧修一斜线

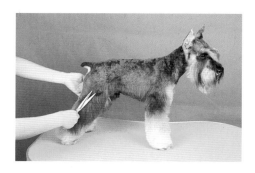

图 7-4-18 后腿外侧顺毛修整齐

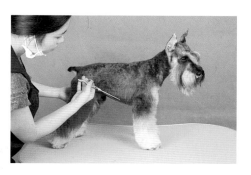

图 7-4-19 腹线修一斜线

2. 修剪腹线（直剪）

腹线：腰腹最低点至肘关节倾斜修一斜线，并与膝盖线圆滑连接，如图 7-4-19 所示。

3. 修剪前腿（大直剪）

前腿修成圆柱形。前腿前侧修垂直，与胸骨呈"1"字线。前腿修剪如图7-4-20至图7-4-23所示。

4. 修剪前胸

修成垂直的"1"字线，两前腿间剪横呈"一"字线，如图7-4-24、图7-4-25所示。

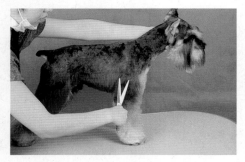

图7-4-20 修剪前腿外侧

图7-4-21 修剪前腿内侧

图7-4-22 前腿前侧与胸骨呈"1"字线

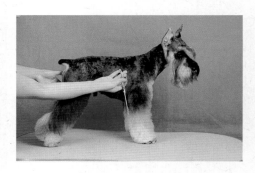

图7-4-23 修剪前腿后侧

图7-4-24 修剪前胸呈"1"字线

图7-4-25 两前腿间剪横呈"一"字线

5. 修剪眉毛（牙剪）

（1）分开左右眉毛：剪刀从两眉之间指向两内眼角，剪出一个牙剪的宽度，分开左右眉毛。注意：剪刀尖不可超过下眼皮，但可达到下眼皮，如图7-4-26所示。

（2）分开眉毛与胡子：剪刀从内眼角指向对侧眉骨修剪，修完后呈倒"V"字形。

　　修剪方法：剪刀贴着一侧的内眼角，剪刀尖指向另一侧的眉骨修剪，如图 7 - 4 - 27 所示。

　　（3）修眉形：以眉骨形状修出眉形，如图 7 - 4 - 28 所示。

　　（4）修剪眉毛：剪刀从外眼角指向同侧鼻镜，修一条斜线。

　　修剪方法："一刀式"修剪。把剪刀放在外眼角上，剪刀贴住皮肤，剪刀尖指向同侧鼻镜，修剪出一条斜线，此时，剪刀刃稍向内倾斜修剪，如图 7 - 4 - 29 所示。

图 7 - 4 - 26　分出左右眉毛

图 7 - 4 - 27　从内眼角指向对侧眉骨修剪

图 7 - 4 - 28　修眉形

图 7 - 4 - 29　"一刀式"修剪眉毛

6. 修剪胡子（牙剪）

　　（1）超出鼻镜部分的毛，修剪干净，如图 7 - 4 - 30 所示。

　　（2）修剪脸与胡子衔接处多余的胡子，使整个脸呈"矩形"，如图 7 - 4 - 31 所示。

　　（3）鼻梁上方的毛无须修剪。

图 7 - 4 - 30　剪掉超过鼻镜的毛

图 7 - 4 - 31　修剪脸与胡子衔接处

7. 修剪耳朵（直剪）

耳朵要剪得极贴，留耳尖。

修剪方法：耳朵边缘修剪时以滑剪方式修剪。用手指捏住耳朵边缘修剪，剪刀尖始终指向耳尖，如图 7 - 4 - 32 所示。

8. 修剪尾巴（牙剪）

尾巴修圆柱形。尾尖尽可能修剪短，盖住疤痕即可，如图 7 - 4 - 33、图 7 - 4 - 34 所示。

9. 将全身剃过部分衔接过渡（牙剪）

美容后的迷你雪纳瑞犬如图 7 - 4 - 35 所示。

图 7 - 4 - 32　修剪耳朵

图 7 - 4 - 33　修剪尾巴

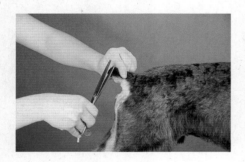

图 7 - 4 - 34　修剪尾尖

图 7 - 4 - 35　美容后的迷你雪纳瑞犬造型

技术提示

迷你雪纳瑞犬电剪修剪的运剪方向如图 7 - 4 - 36 所示，修剪胡子时的运剪方向如图 7 - 4 - 37 所示。

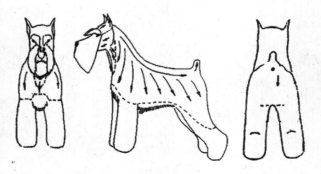

图 7 - 4 - 36　电剪修剪部分的示意图（张江等，2008）

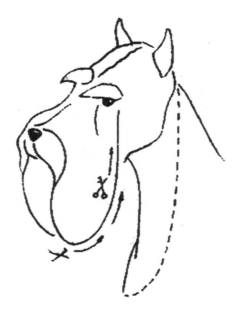

图 7-4-37　胡子修剪示意图（张江等，2008）

三、思考题

请在下图用箭头标出迷你雪纳瑞犬修剪背部和体侧时电剪的运剪方向及刀头型号。

【知识拓展】

迷你雪纳瑞犬小马装的修剪

迷你雪纳瑞犬小马装造型的特点是在背上留一鬃毛，其他部位的修剪方法与上述标准造型相同。

小马装造型修剪要点如下：

（1）背部留鬃毛：从枕骨或眉骨往后1指开始至背部约2/3处留一鬃毛，鬃毛由宽逐渐变窄。鬃毛位置可到背部2/3处，也可直接延长到尾巴。

（2）尾巴：可剃，也可不剃。

（3）身体：与标准造型一样，留裙边，裙边定位与迷你雪纳瑞犬标准装一致。

（4）修剪部分与标准装相同。

修剪好的迷你雪纳瑞犬小马装如图7-4-38所示。

图7-4-38　迷你雪纳瑞犬小马装

任务五 美国可卡犬造型修剪

任务单

项目名称	项目七 宠物美容造型设计				
任务五	美国可卡犬造型修剪		建议学时		6
任务	给美国可卡犬修剪造型。				
技能	美国可卡犬造型的修剪。				
知识目标	熟悉美国可卡犬造型修剪的方法。				
技能目标	会美国可卡犬造型的修剪。				
素质目标	具有分析问题、处理问题和解决问题的能力，有团队协作精神。				
任务描述	美国可卡犬是当今备受欢迎的小型玩赏犬，属于体毛丰富的犬只，学生学习后应熟练地掌握这种犬造型的修剪。				
资讯问题	1. 简述如何用电剪修剪美国可卡犬头部与面部。 2. 简述如何用电剪修剪美国可卡犬的耳部。 3. 简述如何用电剪修剪美国可卡犬的身体部分。				
学时安排	资讯：0.5学时	计划与决策：0.5学时	实施：4学时	检查：0.5学时	评价：0.5学时

【任务布置】

教师布置任务：给美国可卡犬修剪造型。

【任务准备】

（1）器材准备：宠物美容室、美容桌、电剪、电剪刀头（10 号）、直剪、木柄针梳、美容师梳、趾甲剪、止血钳、止血粉、吹风机、吸水毛巾、美容防水围裙、宠物香波、脱脂棉、洗眼液、拔耳毛粉等。

（2）可卡犬做好基础护理，吹干、拉直被毛。刷毛时应用木柄针梳顺毛刷理全身，耳朵注意清洁干净。

（3）学生应预先学习本任务知识链接中的相关知识点，教师也可先讲解相关重点内容。

【任务实施】

把学生分成 2～3 人 1 组，以小组为单位，在教师的指导下完成以下任务：

（1）以小组为单位，查阅资料，在教师的指导下学习美国可卡犬造型修剪的方法。

（2）在教师的指导下，按要求完成美国可卡犬造型的修剪。

（3）各组展示修剪造型后的美国可卡犬。

【任务评价】

任务实施完成后，采取小组互评或教师点评等方式对各组修剪好的美国可卡犬进行评价，可按下表进行评分。

美国可卡犬造型修剪评价表

考核项目	要求	分值	得分
工作态度和纪律	积极完成任务，能团结协作。	10	
美容工具的使用	能正确操作各种美容工具。	10	
基础护理	洗澡前被毛梳理通顺，耳朵清理干净，趾甲按要求修剪，清理肛门腺。洗浴后彻底吹干，被毛按要求拉直，剃干净脚底毛、腹底毛、肛门位的毛发。	10	
头部、脸部的电剪修剪	刀头型号选择正确，头部、耳朵、脸部能按要求用电剪修剪出造型。	15	
身躯的电剪修剪	刀头型号选择正确，电剪运剪方向正确，用电剪剃出裙边，裙边定位正确。	15	
头花的修剪	头花修剪出一定的弧度，呈半月形。	10	
腹线的修剪	衔接前后腿，剪成一弧形。	5	
四肢的修剪	四肢修圆。	5	
整体效果	整个造型修剪符合美国可卡犬造型的特点，整体造型效果好。	20	
合 计		100	

【知识链接】

一、美国可卡犬的品种特点

可卡犬是目前比较流行的犬种之一，在世界范围内饲养分布比较广泛。按照起源和外形的不同，可将其分为英国可卡犬和美国可卡犬两种。

美国可卡犬原产于美国，1946 年 9 月，AKC 承认美国可卡犬作为一个单独的品种。身高 34～39 cm，体重 9～13 kg，AKC 分类属于运动犬组。美国可卡犬为双层丝状被毛，外层毛长而直，或略微呈波浪状，内层毛柔软，饰毛丰富，耳朵、胸部、腹部、腿部有大量羽状饰毛，头部毛短而纤细。耳根位于外眼角的水平线上，向前拉能到达鼻尖。尾巴在背线延长线上或略高，通常断尾留 2～3 节尾椎。

二、美国可卡犬的造型修剪

美容前的美国可卡犬如图 7-5-1 所示。

图 7-5-1　美容前的美国可卡犬

美国可卡犬造型修剪分为电剪修剪与直剪修剪两部分，电剪修剪部分的运剪方向和修剪位置如图 7-5-2 所示，图中虚线以上部分为电剪修剪部分，虚线为假想线。

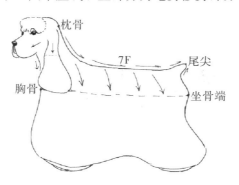

图 7-5-2　电剪修剪示意图

美国可卡犬造型修剪方法如下：

（一）电剪修剪部分

1.7F 刀头剃的部位

美国可卡犬裙边的定位：胸前骨至坐骨端的假想线以上部位全部剃干净，假想线以下部位留裙边。

（1）剃背部：枕骨至尾尖，顺毛剃，尾巴四面都需要剃。如图7-5-3至图7-5-5所示。

（2）剃前胸：喉结至胸骨，顺毛剃，如图7-5-6所示。

（3）剃身体侧部：胸骨至坐骨端，顺毛剃，如图7-5-7所示。

（4）剃臀部：尾根至坐骨端，顺毛剃，如图7-5-8所示。

图7-5-3 从枕骨开始顺毛剃背部

图7-5-4 顺毛剃背部

图7-5-5 顺毛剃至尾尖

图7-5-6 从喉结顺毛剃至胸骨

图7-5-7 从胸前骨顺毛剃至坐骨端

图7-5-8 从尾根顺毛剃至坐骨端

2. 10F 刀头剃的部位

（1）剃头顶：头盖骨后 1/2 至枕骨，顺毛剃，如图 7-5-9 所示。

（2）剃脸部：

①耳孔至外眼角至鼻镜，逆毛剃，如图 7-5-10 所示。

②脸的正面：额段至鼻镜，逆毛剃，如图 7-5-11 所示。

（3）剃下巴：

①下巴垂肉内：喉结至下巴，逆毛剃，如图 7-5-12 所示。

②下巴垂肉外：从后耳根至喉结顺毛剃，连线呈"U"形。

图 7-5-9　头顶后 1/2 顺毛剃到枕骨

图 7-5-10　从耳孔至外眼角、鼻镜逆毛剃

图 7-5-11　从额段逆毛剃至鼻镜

图 7-5-12　逆毛从喉结剃到下巴

3. 15 号刀头剃的部位

剃耳朵：从耳根顺毛剃至耳豆的水平线，内外两侧都需要剃，如图 7-5-13、图7-5-14 所示。

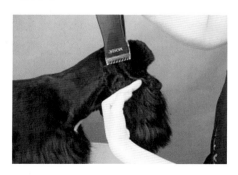
图 7-5-13　从耳根顺毛剃至耳豆水平线

图 7-5-14　耳朵剃法示意图

（二）手剪部分

1. 修剪四个足圆（直剪）

足圆：剪刀倾斜45°修出尽量大的碗底，前后腿足圆一起修剪，如图7－5－15、图7－5－16所示。

图7－5－15　剪刀倾斜45°修剪足圆

图7－5－16　修剪足圆

2. 修剪尾巴（牙剪）

尾巴：修圆柱形，但不能露出疤痕，如图7－5－17所示。

3. 修剪臀部（直剪）

臀部：顺毛梳，修飞毛，如图7－5－18所示。

4. 修剪后腿（直剪）

后腿：修圆柱形，如图7－5－19所示。两后腿之间修成拱形。

5. 修剪腹线（直剪）

腹线：衔接前后腿的大碗底，剪成一弧形。毛量充足时，前后腿之间通过腹线连接修剪成拱形，如图7－5－20、图7－5－21所示。

图7－5－17　尾巴修圆柱形

图7－5－18　修剪臀部飞毛

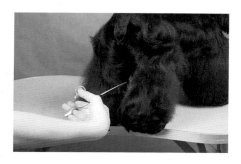

图 7-5-19 后腿修圆柱形

图 7-5-20 修剪腹线成一弧形

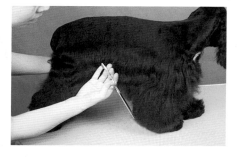

图 7-5-21 前后腿之间腹线连接成拱形

图 7-5-22 修剪前胸的飞毛

6. 修剪前胸（直剪）

前胸：顺毛梳，修飞毛，如图 7-5-22 所示。

7. 修剪前腿（直剪）

前腿：修圆柱形，如图 7-5-23 所示。两前腿间修成拱形。

8. 修剪头花（牙剪）

头花修剪成半月形。

（1）眼睛上方：头顶上的毛向眼睛方向梳顺，从额段向上垂直剪，使眼睛上方的毛发与额段呈 90°，如图 7-5-24 所示。

（2）头花两侧：剪刀尖朝上由外眼角修剪至前耳根，垂直修剪，如图 7-5-25 所示。

（3）头顶：剪刀尖 45°向下倾斜修剪，与头花剃的位置衔接自然，把头花修成半圆形，如图 7-5-26 所示。

图 7-5-23 修剪前腿成圆柱形

图 7-5-24 修剪眼睛上方的毛

图 7-5-25　修剪头花两侧的毛

图 7-5-26　修剪头顶的头花

9. 修剪耳朵（直剪）

耳朵：剃过的边缘沿耳边修剪整齐，耳朵底部饰毛修成弧形或扇形，如图 7-5-27、图 7-5-28 所示。

图 7-5-27　修剪耳朵边缘的毛

图 7-5-28　耳朵修成弧形或扇形

注意事项：

（1）以滑剪的方式修剪。

（2）修剪时，剪刀指向耳尖。

美容后的美国可卡犬造型如图 7-5-29 所示。

图 7-5-29　美容后的美国可卡犬

三、思考题

1. 在下图画出美国可卡犬剃的部分所用刀头型号并标明运剪方向（下图来源于张江，2008）。

2. 在下图画出美国可卡犬脸部修剪的运剪方向及所用刀头型号。

项目八　宠物形象设计

任务一　宠物染色技术

任务单

项目名称	项目八　宠物形象设计			
任务一	宠物染色技术	建议学时		6
任务	给宠物进行染色设计，并完成染色操作。			
技能	1. 宠物犬染色的造型设计。 2. 宠物犬染色操作。			
知识目标	1. 会使用各种染色用品、用具。 2. 会宠物犬被毛染色技术。 3. 能按照宠物主人的要求完成宠物的染色设计。 4. 熟悉不同色彩的调配方法。			
技能目标	1. 会染色造型设计。 2. 能熟练地完成染色操作。			
素质目标	具有分析问题、处理问题和解决问题的能力，有团队协作精神。			
任务描述	染色技术是宠物形象设计的重要内容之一，特别是白色毛发的宠物犬，染上一定的色泽与图案后，显得与众不同，使宠物犬更时尚，更有个性。学生学习后应能熟练完成宠物染色操作，并能按照宠物主人的要求完成宠物染色造型的设计。			
资讯问题	1. 简述被毛染色的方法步骤。 2. 染色过程中需要注意哪些问题？ 3. 自己选择犬种，设计一个染色造型方案，并进行染色。			
学时安排	资讯：1.5学时	计划与决策：0.5学时	实施：3学时	检查：0.5学时　评价：0.5学时

【任务布置】

教师布置任务：给宠物进行染色设计，并完成染色操作。

【任务准备】

（1）洗浴器材准备：宠物美容室、美容桌、电剪、美容剪、钢丝刷、美容师梳、趾甲剪、止血钳、止血粉、吹风机、吸水毛巾、美容防水围裙、宠物香波、脱脂棉、洗眼水、拔耳毛粉等。

（2）染色器材准备：染色膏、染色刷、染色碗、塑料手套、橡皮筋、分界梳、塑料袋或保鲜膜、锡纸、发夹、隔离膏、去除液等，如图 8-1-1 所示。

（3）宠物做好基础护理，洗干净、吹干被毛备用。

（4）学生应预先学习本任务知识链接中的相关知识点，教师也可先讲解相关重点内容。

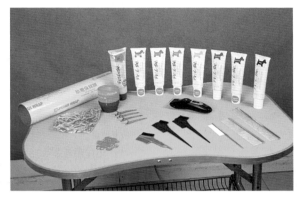

图 8-1-1　染色膏与染色用具

【任务实施】

把学生分成 2~3 人 1 组，以小组为单位，在教师的指导下完成以下任务：

（1）以小组为单位，查阅资料，在教师的指导下学习宠物染色方法。

（2）在教师的指导下，按要求完成宠物染色图案设计，并完成染色操作。

（3）各组展示染色作品。

【任务评价】

任务实施完成后，采取小组互评或教师点评等方式对各组的染色作品进行评价，可按下表进行评分。

宠物染色技术评价表

考核项目	要求	分值	得分
工作态度和纪律	积极完成任务，能团结协作。	10	
美容工具的使用	能正确操作各种美容工具。	10	
基础护理	洗澡前被毛梳理通顺，耳朵清理干净，趾甲按要求修剪，清理肛门腺，洗浴后彻底吹干，剃干净脚底、腹底、肛门位的毛发。	10	
染色造型设计	确定染色部位，并修剪出染色图案。	20	
染色操作	染色方法步骤符合要求。	20	
染色后图案的修整	将染色部位边缘作适当修剪，与不需要染色的区域呈自然衔接。	10	

续表

考核项目	要求	分值	得分
整体效果	整体造型效果好，图案协调性好。	20	
合　计		100	

【知识链接】

一、宠物染色技术

宠物染色操作过程如下：

1. 设计并修剪出染色图案

根据宠物的品种、宠物的自身特点或宠物主人要求为宠物设计染色的造型。如果做图案染色，应先设计出染色的图案，如图8-1-2、图8-1-3所示。

图8-1-2　设计染色图案　　　　图8-1-3　修剪后的染色图案

染色的位置：原则上身体任何部位的被毛均可染色，但一般选择局部染色的客户较多，选择全身染色的客户较少，较常见的局部染色有尾巴、耳朵和四肢等部位。

2. 做好被毛隔离

将需要染色的被毛与不需要染色的被毛用分界梳分开，然后做好隔离，以防止染色膏染到不需要染色的被毛上。

被毛隔离方法视具体情况进行选择：

（1）使用专业的隔离膏进行隔离。专业的隔离膏如图8-1-4所示。

（2）使用塑料袋、保鲜膜或锡纸等进行包扎隔离，用皮筋或者发夹固定，同时在区域的边缘涂抹隔离膏。

（3）用医用胶布进行粘贴隔离，如图8-1-5所示。

3. 戴好塑料手套

染色剂如粘在手上不易洗掉，因此需要做好手的防护。

4. 把染色膏挤在染色碗中，调配好颜色

染色膏颜色的深浅可以通过加入不同量的媒介膏进行调配，如图8-1-6所示。

市场上某些品牌的染色膏颜色可能只有基本色，许多颜色需要调配，可按调色卡上的说明进行调色。也有一些品牌的染色剂颜色种类较齐全，可以直接使用，不需调色。

同一种颜色的染色膏，如需要调出深浅不同的色泽，可以通过加入不同剂量的媒介膏调出深浅不同的浓度，如图 8-1-7 所示。使用颜色深浅不同的染色剂在染色时可以做出有渐变效果的图案。

5. 被毛涂抹染色膏

先把待染区域的毛发梳理通顺，整理好，然后用分界梳将被毛分开，用染色刷蘸取适量染色膏一层一层均匀地涂抹在需染色的被毛上，如图 8-1-8 所示。

6. 染色毛发的包裹和固定

将染色的部位用锡纸包裹或用保鲜膜包裹，并用橡皮筋或发夹将包裹好的被毛固定好，如图 8-1-9 至图 8-1-11 所示。

图 8-1-4　染色隔离膏

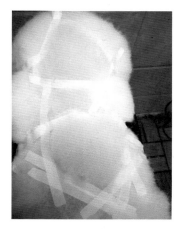

图 8-1-5　胶布粘贴隔离

图 8-1-6　把染色膏与媒介膏
挤在碗中调匀

图 8-1-7　调出不同浓度的染色剂

图 8-1-8 染色部位均匀涂上染色膏

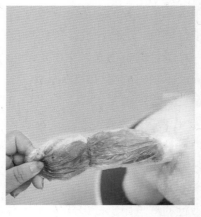
图 8-1-9 尾巴用保鲜膜包裹固定

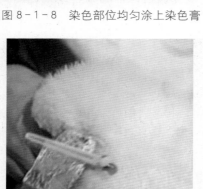
图 8-1-10 耳朵染色后的包裹固定
（王艳立，2011）

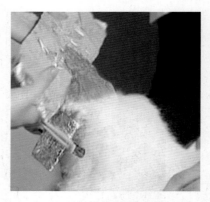
图 8-1-11 头部染色后的包裹固定
（王艳立，2011）

7. 使染色部位被毛充分着色

包裹好被毛后让染色剂着色适宜时间（时间的长短根据产品的说明书定）。一般为 30 min 左右，为了加速上色过程也可用吹风机加热染色部位 10～15 min，如图 8-1-12 所示。

8. 冲洗干净

先用水冲湿未染色的毛发，涂抹沐浴露待搓出泡泡后再取掉染色毛发上的保鲜膜或锡纸，将染色部位和全身冲洗干净后用护毛素护理修复被毛，如图 8-1-13 所示。

9. 吹毛拉毛

将宠物毛发彻底吹干、拉直，梳理通顺。

10. 造型修剪

将染色部位边缘作适当修剪，与不需要染色的区域呈自然衔接，如图 8-1-14 所示。
染色后的造型欣赏，如图 8-1-15 至图 8-1-19 所示。

图 8 - 1 - 12　吹风机加热

图 8 - 1 - 13　染色后冲洗干净

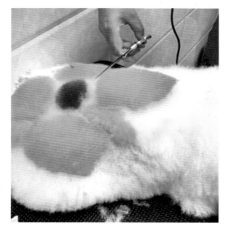

图 8 - 1 - 14　染色部位边缘作适当修剪

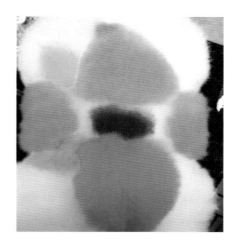

图 8 - 1 - 15　染色效果图

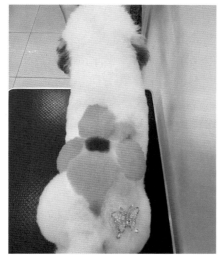

图 8 - 1 - 16　染色后全身效果图

图 8 - 1 - 17　染色后头部效果图

图 8 - 1 - 18　尾巴挑染效果图

图 8 - 1 - 19　耳朵挑染效果图

二、染色注意事项

（1）染色宠物最好是白色的被毛。

（2）要用宠物专用的染色膏，不可用人用的染发剂。宠物专用的染色膏刺激性小，较安全。

（3）染色膏染出的颜色效果与宠物原来被毛底色和毛质有关，实际染出的颜色不一定和色板颜色完全一致。因此，需要事先告知主人，以防出现纠纷。

（4）如果要给宠物进行全身染色，一般按背部、四肢、尾巴、头部的顺序进行。头部最后才染，因宠物头部容易甩动。

（5）在全身染色时，为避免出现色差，最好将染色膏一次调配好。

（6）有皮肤病或外伤的宠物不能进行染色。如耳朵有疾病、皮肤湿疹、有伤口等不要染色。

（7）如果染料不慎掉在其他部位的毛上，不要直接用手擦，可涂一些去除液。

（8）扎橡皮筋时一定要扎在有毛处，不能扎在裸露的皮肤上，不能扎得过紧，以免血液不流通，造成坏死。

（9）眼睛若不慎碰到染色膏，请立即用水冲洗。

（10）染色后不能用白毛专用的浴液洗澡，以防颜色变淡。

（11）某些宠物染色后情绪有可能发生很大变化，需告诉主人要多表扬宠物，让其有自信心。

【知识拓展】

美术色彩中红、黄、蓝三种颜色，可以用来调出其他颜色，所以称为三原色。红、黄、蓝是最基本的颜色，也称为三基色。世界上几乎所有的颜色都是由这三种颜色构成（黑、白、灰色除外），用它们可以调出其他的颜色。三种基色是相互独立的，任何一种基色都不能由其他两种颜色调配合成。

三种颜色相互调配后得出的颜色如下：红色＋黄色＝橙色；红色＋蓝色＝紫色；黄色＋蓝色＝绿色。

其他颜色的调配效果如下：红＋橙＝红橙；黄＋绿＝黄绿；蓝＋绿＝蓝绿；蓝＋紫＝蓝紫；红＋紫＝紫红。

所谓调彩，基本就是调出这几种颜色：红、黄、蓝、橙、绿、紫。

带有蓝色的颜色都属于冷色，而带有黄色的都属于暖色。

任务二 饰品佩戴

任务单

项目名称	项目八 宠物形象设计		
任务二	饰品佩戴	建议学时	2
任务	1. 给宠物选择不同风格的服装进行穿戴。 2. 给宠物选择合适的头饰进行佩戴。		
技能	1. 不同风格服装的选择。 2. 头饰的选择与佩戴。		
知识目标	1. 了解宠物饰品佩戴的设计。 2. 了解头花、服饰种类。		
技能目标	1. 会给不同犬种扎头花。 2. 会根据犬不同体形选择合适的服饰。 3. 会给宠物扎头花、穿衣服。		
素质目标	具有分析问题、处理问题和解决问题的能力，有团队协作精神。		
任务描述	饰品佩戴是宠物形象设计的重要内容之一，宠物穿上衣服、佩戴饰品后，不单冬天可以保暖，还显得特别的可爱。穿衣打扮后的宠物会更时尚，更个性化，符合现代人把宠物当作家庭成员的心理。学生学习后应能根据客户要求给宠物选择不同的穿衣风格，能熟练地给宠物佩戴各种饰品。		
资讯问题	1. 宠物的服装风格常见的有几种？ 2. 宠物服装搭配注意事项有哪些？ 3. 宠物头饰佩戴注意事项有哪些？		
学时安排	资讯：0.5学时	计划与决策：0.5学时	实施：0.5学时	评价：0.5学时

【任务布置】

教师布置任务：

（1）给宠物选择不同风格的服装进行穿戴。

（2）给宠物选择合适的头饰进行佩戴。

【任务准备】

（1）犬若干只。

（2）宠物衣服若干件、宠物项链、头饰、包毛纸、橡皮筋、分界梳、针梳等。

（3）学生应预先学习本任务知识链接中的相关知识点，教师也可先讲解相关重点内容。

【任务实施】

把学生分成2～3人1组，以小组为单位，在教师的指导下完成以下任务：

（1）以小组为单位，查阅资料，在教师的指导下学习宠物不同风格服装的选择和穿戴方法；学习头饰佩戴方法。

（2）在教师的指导下，给宠物选择不同风格的服装并完成穿戴任务。

（3）在教师的指导下，给宠物选择合适的头饰并完成佩戴任务。

（4）各组展示形象设计后的宠物。

【任务评价】

任务实施完成后，采取小组互评或教师点评等方式对各组形象设计的作品进行评价，可按下表进行评分。

宠物饰品佩戴评价表

考核项目	要求	分值	得分
工作态度和纪律	积极完成任务，能团结协作。	10	
美容工具的使用	能正确操作各种美容工具。	10	
不同风格服装的选择与穿戴	能根据客户要求选择不同风格的衣服进行穿戴。	25	
头饰的佩戴	能正确地完成头饰的佩戴。	25	
整体效果	整体搭配效果好。	30	
合　计		100	

【知识链接】

一、宠物服装搭配相关知识

给宠物犬穿服装的目的有装扮、庆祝节日、保暖等，满足不同目的服装款式是不同的，如冬季的保暖服装一般遮盖的面积要大而且较贴身，装扮犬和庆祝节日的服装则以颜色亮丽、款式独特为主。不同品种犬在性格、体形等方面也有一定的差异，因此，选择宠物服装的款式时，应根据宠物装扮的目的、宠物的品种、年龄等来选择。

（一）宠物的服装风格

宠物服装风格有职业装、居家装、休闲装、运动装、可爱舒适装、时尚摩登装、节日喜庆装等。

1. 休闲装

可以给宠物别上发夹，或给宠物扎一个辫子等，配上休闲服装。宠物休闲装如图8-2-1所示。

2. 可爱舒适装

这类型的服装很耐看，如果想突出宠物个性，可以选用有与宠物种类不一致的动物图案服装，或给它们佩戴饰品进行装饰，如图8-2-2所示。

图 8-2-1 休闲装   图 8-2-2 可爱舒适装

（国际在线，2014/11/28）   （国际在线，2014/11/28）

3. 时尚摩登装

这类服装好看时尚，但并不实用，容易损坏，搭配饰品较多，很容易造成宠物不舒服。建议选用一件职业风格或动漫人物风格的宠物服装，搭配一个帽子或系带头箍，给宠物进行搭配装扮即可，如图8-2-3所示。

4. 运动装

运动风格的服装一般是红色、蓝色、白色、柠檬黄等色彩的衣服多见。衣料性质尽量选用有弹性的，以免造成宠物不适将衣服扯坏，如图8-2-4所示。为了更能表现运动风格，还可以搭配运动类型的帽子或鞋子等。

5. 节日喜庆装

喜庆服装布料的颜色一般采用喜庆的红色为主调，可以配上蕾丝花边等进行装饰，如常见的宠物唐装等，如图8-2-5、图8-2-6所示。

图 8-2-3　时尚摩登装

图 8-2-4　运动装

图 8-2-5　节日喜庆装

图 8-2-6　节日喜庆装

（二）宠物服装搭配注意事项

（1）服装不宜太花哨，以实用舒服为原则。日常生活中给宠物打扮不宜太花哨，不然宠物会觉得自己是个异类，增加宠物的不适感。

（2）根据宠物的喜好选择宠物喜欢的颜色，可以在日常生活中观察宠物喜欢的颜色。选择宠物喜欢的颜色来打扮，宠物才会喜欢，也会增强宠物的自信心。

（3）选择舒适的面料，考虑到耐洗、结实、纯棉等因素。

（4）服装的松紧度要适宜，不应影响到宠物活动。

二、宠物饰品的佩戴

宠物饰品是指专供宠物装饰而开发的一类物品的总称。宠物饰品包括宠物项链、宠物吊坠、宠物铃铛、宠物发夹、宠物头花、宠物三角巾、宠物领带、宠物领结、宠物花环、宠物眼镜、宠物趾甲套、宠物鞋子等。宠物饰品欣赏如图 8-2-7 至图 8-2-12 所示。

图 8-2-7　宠物项链

图 8-2-8　宠物头花

图 8-2-9　宠物领结

图 8-2-10　宠物领带

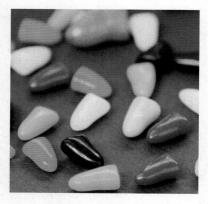

图 8-2-11　宠物趾甲套

图 8-2-12　宠物发夹

　　宠物头饰是宠物最常见的宠物饰品之一，为宠物佩戴头饰是宠物头部美容的重要内容，它包括头饰佩戴位置的选择和头饰佩戴的方法等内容。

1. 头饰佩戴位置的选择

　　在马尔济斯、西施、约克夏等长毛犬的造型设计中，头部可以佩戴头花或发夹来装饰，会显得更加俊俏可爱。头饰佩戴的位置通常在头顶偏额部的部位，也可在两耳边上的部位，约克夏犬通常选择在额部佩戴一个头饰。

（1）头顶头饰的佩戴：佩戴头饰前先把毛发扎好，然后按住发根稍微拉松成灯笼状，再把头饰戴上。也可先用包毛纸把毛发包好，再佩戴头饰，如图8-2-13至图8-2-15所示。

（2）头部两侧头饰的佩戴：在头部两侧把毛扎好，然后把头饰戴上，如图8-2-16所示。

图8-2-13　西施犬头饰的佩戴

图8-2-14　包毛纸包扎两个发髻

图8-2-15　约克夏犬头饰的佩戴

图8-2-16　马尔济斯犬头部两侧头饰的佩戴

2. 头饰佩戴注意事项

（1）毛发不能扎得太紧，不能把皮肤揪起来。扎好毛发后，可稍为拉松再佩戴。

（2）包扎毛发的量取合适为宜。如果过少，很容易造成毛束扭曲，头饰也容易松动脱落。

（3）左右两边头饰的位置要对称。

（4）如果选择包毛后再佩戴头饰，整缕毛要全部包住，不能露出毛尖。

三、宠物趾甲套的佩戴

佩戴趾甲套可以减少宠物抓伤人的机会，但从本质上说，给犬佩戴趾甲套违背了自然规律，对宠物本身来说没有任何意义，无非是商家为了开辟新商机，或是迎合一些宠物主人特殊的观念而开发的产品。

（一）佩戴趾甲套的弊端

1. 使宠物感觉不舒服

宠物第一次佩戴趾甲套时，往往会非常排斥，总想把它咬下来，但久而久之，也会慢慢适应。

2. 趾甲长得更快

套上趾甲套之后，趾甲无法接触到地面，没有了地面的摩擦，变长的速度就会更快。

（二）佩戴趾甲套的方法

给宠物佩戴趾甲套的方法很简单，先修剪好宠物趾甲，选择合适宠物型号的趾甲套，把适量专用胶水放入趾甲套内，套到宠物趾甲上，按压几分钟干燥后即可，如图8-2-17、图8-2-18所示。

图8-2-17　趾甲套胶水

图8-2-18　佩戴趾甲套的效果图

项目九　宠物 SPA 护理

任务单

项目名称	项目九　宠物 SPA 护理				
任务名称	宠物 SPA 护理		建议学时		6
任务	完成宠物 SPA 护理操作全过程。				
技能	1. 浴源的选择。 2. 宠物 SPA 护理操作。				
知识目标	1. 了解不同浴源的功效。 2. 熟悉宠物 SPA 流程与要求。 3. 了解宠物 SPA 护理的注意事项。				
技能目标	1. 会根据顾客不同要求选择不同浴源。 2. 会对宠物进行 SPA 操作。				
素质目标	具有分析问题、处理问题和解决问题的能力，有团队协作精神。				
任务描述	近年来随着人们对宠物保健意识的不断加强，宠物 SPA 逐渐被人们接受，并逐渐流行。学生学习后应能熟练完成宠物 SPA 操作，并能按照宠物主人的要求正确选择不同的浴源。				
资讯问题	1. 简述常见的宠物 SPA 产品有哪些？ 2. 简述宠物 SPA 基本方法。				
学时安排	资讯：1.5学时	计划与决策：0.5 学时	实施：3 学时	检查：0.5学时	评价：0.5学时

【任务布置】

教师布置任务：完成宠物 SPA 护理操作全过程。

【任务准备】

（1）宠物美容室、美容桌、电剪、电剪刀头（10 号）、直剪、针刷、美容师梳、趾甲剪、止血钳、止血粉、吹风机、吸水毛巾、防水围裙、宠物香波、脱脂棉、洗眼水、拔耳毛粉、开结粉、解结刀等用品。

（2）宠物 SPA 浴源如精油、死海盐、死海泥、碳酸泡腾片等；护毛产品；宠物 SPA 浴缸等。

（3）宠物做好基础护理，如拔耳毛、清洁耳朵、剪趾甲、剃脚底毛、剃腹底毛、剃肛周毛等，洗干净备用。

（4）学生应预先学习本任务知识链接中的相关知识点，教师也可先讲解相关重点内容。

【任务实施】

把学生分成 2～3 人 1 组，以小组为单位，在教师的指导下完成以下任务：

（1）以小组为单位，查阅资料，在教师的指导下学习宠物 SPA 护理的操作方法。

（2）在教师的指导下，按要求完成宠物泥浴、精油或盐浴等 SPA 护理项目操作的全过程。

（3）各组展示 SPA 护理后的宠物。

【任务评价】

任务实施完成后，采取教师点评等方式对各组 SPA 护理后的宠物进行评价，并口述 SPA 护理的操作方法，可按下表进行评分。

宠物 SPA 护理评价表

考核项目	要求	分值	得分
工作态度和纪律	积极完成任务，能团结协作。	10	
美容工具的使用	能正确操作各种美容工具。	10	
基础护理	洗澡前被毛梳理通顺，耳朵清理干净，趾甲按要求修剪，眼睛清洗干净，清理肛门腺，洗浴干净。	10	
浴源选择	能根据客户要求正确选择浴源。	10	
宠物 SPA 的操作	能按要求完成 SPA 操作的全过程，并把被毛吹干、拉直。	50	
整体效果	整体造型效果好。	10	
合　计		100	

【知识链接】

一、什么是宠物 SPA

随着人们生活水平的提高，饲养宠物的人越来越多，有些人甚至将宠物视为自己的儿女，对它们百般呵护。随之，宠物 SPA 也悄然来临。宠物 SPA 是一种全新的健康美容概念，是一种新式的休闲美容方式。

真正的 SPA 是要经水做治疗，利用动物与水接触，使水中对动物健康有益的成分通过亲和渗透作用进入身体，再配合按摩，达到水疗美容、保健的作用。

宠物 SPA 打破了传统宠物淋浴的方法，例如，由宠物 SPA 水疗仪产生天然超音波，每秒钟释放百万以上的强劲气泡，深达宠物毛发根部，产生微爆效应，彻底清洁宠物毛发，达到洁毛消臭的功效。

宠物 SPA 时，在水中加上矿物质、香薰、精油、草本、鲜花等，使宠物浸泡在温暖的水中，使毛发充分补充营养，恢复亮丽光泽与弹性。透过气泡的按摩，促进血液循环，加速代谢排毒，加快脂肪代谢，达到预防疾病、延缓衰老的目的。

专业的宠物经络按摩与推拿手法，直接作用于宠物身体表面的特殊部位，产生生物、物理和生物化学的变化，最终通过神经系统调节、体液循环调节以及筋络穴位的传递效应，达到舒筋活络、消除疲劳、防治疾病、提高和改善宠物身体生理机能的功效。

二、宠物 SPA 的好处

1. 宁神
利用水的浮力与适宜温度，使犬体验回归母犬怀抱的感觉，稳定犬的情绪，安抚犬的心灵。

2. 运动
利用气泡按摩作用，达到被动运动及减肥的功效，提升宠物器官功能，促进健康成长。

3. 清洁
通过气泡的微爆效应，彻底去除皮屑、油脂、死毛，使皮肤光洁、毛发蓬松。

4. 滋养
精油、草本、海底泥等物质能深层滋养犬的皮肤及毛发，使受损的毛发恢复弹性及光亮，皮肤柔润。

5. 驱虫
利用死海泥中的矿物质和硫化物达到驱虫杀菌的功效，使宠物远离寄生虫的骚扰。

6. 除臭
SPA 产生的臭氧离子，具有独特的杀菌除臭功效，同时还可避免交叉感染。

三、宠物 SPA 项目

针对不同品种、不同毛色的宠物来选择不同的浴源。常见的浴源有除虫型、增艳洗白型、蛋白润丝型、日常洁肤型、留香型、茶树油除菌型、燕麦修复型、幼犬及敏感皮肤型、猫用香波等。

（一）宠物 SPA 项目分类

1. 预防护理类

预防护理类常见的有宠物香薰 SPA、宠物美白 SPA、淋巴按摩 SPA 等几种。

2. 辅助治疗类（高矿物质类自然疗法）

高矿物质类 SPA 常见的有死海盐浴、死海泥浴、皮肤病 SPA 等。

3. DIY SPA（天然矿物元素）

在水中加上矿物质、香薰、精油、草本、鲜花等，使犬浸泡在温暖的水中，使毛发充分补充营养，恢复亮丽光泽与弹性。

（二）几种常见的宠物 SPA 介绍

1. 宠物香薰 SPA 疗法

（1）主要产品：精油等，如图 9-1-1 所示。精油的味道根据主人的喜好和功效来选择。

宠物香薰 SPA 疗法是将植物精油运用熏蒸、沐浴、按摩等方法，通过宠物的嗅觉、味觉、触觉、视觉、听觉五大感觉功能，把植物的荷尔蒙经由皮肤和呼吸系统吸收，调节宠物中枢神经、血液循环、内分泌、皮肤等几大系统而激发宠物体内的治愈、平衡及再生功能。

图 9-1-1 精油

（2）特色与功效：首先，香薰精油可促进宠物血液循环，增强新陈代谢，解除宠物的恐惧感，减轻宠物焦虑的情绪感，达到一种身、心、灵皆舒畅的感觉，对提高宠物免疫力及身体保健都具有较好作用。其次，香薰精油对于毛发滋润护理有非常好的效果。香薰精油主要的特色是留香时间长，深层留香可达 7～14 天。例如贵宾犬、比熊犬、松鼠犬留香的时间在 7～14 天，体味比较重的犬种留香时间在 3～7 天。

2. 盐浴

（1）主要产品：盐浴的主要产品有矿物质盐类，如死海盐等，如图 9-1-2 所示。死海海水的结晶含有丰富的镁、钾、钙、溴化物及硫酸盐类。

（2）特色与功效：宠物 SPA 盐浴具有清洁、活化肌肤细胞、促进新陈代谢、延缓衰老等功效，高单位的镁能有效减轻宠物的毛发

图 9-1-2 死海盐

与肌肤因气候变化而形成的损伤。盐浴既可以杀菌止痒，又可以辅助治疗皮肤病。

盐浴时也可以加入适量精油。应用盐浴时应在身体比较健康的状况下进行。

3. 泥浴

目前市场上宠物 SPA 泥浴常见的产品有死海泥、扶养泥等。

（1）死海泥浴（除臭、体外驱虫、治疗皮肤病）：主要产品是死海泥，属于一种温热疗法。死海泥中富含胶体物质、有机物质、微量元素等，能促进宠物血液循环，增强新陈代谢，调节神经系统，并具有良好的消炎、消肿、镇静止痛和提高免疫力等功能，还可以改善皮肤干燥、去除皮屑、改善皮肤瘙痒现象，达到营养皮毛的效果。同时辅以专业的按摩可以缓解宠物紧张的情绪。

（2）扶养泥浴：主要产品是扶养泥，如图 9-1-3 所示。功效主要有吸附和清除毛孔深处的污垢，滋润皮肤，促进血液循环，修复受伤的毛鳞片使毛发柔顺、有光泽，消炎，杀菌等作用。

4. 碳酸 SPA（碳酸泡腾片）

含有重碳酸，它的功效主要有如下几种：

（1）使毛发亮丽、有光泽，蓬松柔软，不伤皮肤，修复毛发，使毛发再生，并能治疗轻度皮肤病。

（2）深层去污、去死皮。

（3）除臭。

（4）碳酸分子非常细小可进入毛孔，可促进血液循环、改善多种疾病、排除毒素、增强免疫力、消除疲劳、使宠物全身放松等。

注意事项：碳酸浴时注意水温不能超过 39℃。

5. 水疗 SPA

水疗 SPA 机（或浴缸）有震动按摩、洗净、运动等功能。机器启动后，水分子透过超音波产生规律的震波，可为宠物按摩，舒筋活络，同时水中释放出的臭氧能给宠物消毒杀菌。可配合植物精油或其他浴源使用。

6. 牛奶浴

牛奶浴不是让宠物泡牛奶澡，而是通过牛奶 SPA 机，运用水分子的高速对撞，形成大量白色纳米微气泡，形似牛奶，但不添加牛奶，无化学药剂，无刺激性。如图 9-1-4 所示。

SPA 机里流出来的乳白色"牛奶"，其实是微小气泡形成的。这些微小气泡很容易深入皮肤深层进行清洁，加上超声波的震动，能将毛孔内的污垢分离带走，小气泡微爆后产生的大量氧气可提高皮肤的代谢，修复受损皮肤。

牛奶 SPA 适合皮屑过多、皮肤毛发过油和体味重的宠物，对皮肤病的治疗有一定的辅助作用。

图 9-1-3 扶养泥

图 9-1-4 牛奶 SPA

四、宠物 SPA 基本操作步骤

下面以盐浴和泥浴的操作方法为例进行说明。

(一) 盐浴 SPA 基本操作步骤

1. 做好基础护理

做 SPA 之前,先给宠物做基础护理,洗干净后才进行 SPA。如图 9-1-5 所示。
基础护理项目包括刷毛、拔耳毛、清洁耳朵、清洗眼睛、剪指甲、洗澡等内容。
有些 SPA 产品配套有浴液,可使用配套浴液洗浴。

2. 盐浴 SPA 方法

(1) 向 SPA 机或浴缸里注入热水,水温控制在 35～42℃ 之间,注入水位深度约到
宠物膝关节与腋窝之间,即犬肩胛骨下端的位置,不可太深。

(2) 水中加入适量浴盐:按产品说明书加入适量的浴盐,如图 9-1-6 所示。

(3) 将宠物放入加有浴盐的水中洗泡,边泡边揉搓按摩,可配合宠物经络进行按
摩,让宠物放松,时间为 10 分钟,如图 9-1-7 至图 9-1-11 所示。

3. 用焗油膏或护毛素护理被毛

如果毛发干燥,可配合使用焗油膏或护毛素护理。把宠物放在美容桌上,全身毛发
均匀涂抹上焗油膏或护毛素,全身揉搓 3 分钟左右,再用清水冲洗干净,如图 9-1-12
所示。

4. 吹干、拉毛

吹干、拉毛后,可在宠物毛发上喷洒亮毛润泽剂之类的产品,再吹干。如图 9-1-
13 所示。

做完 SPA 后的犬如图 9-1-14 所示。

图 9 - 1 - 5　SPA 前清洗干净

图 9 - 1 - 6　水中加入浴盐

图 9 - 1 - 7　头部按摩

图 9 - 1 - 8　背部按摩

图 9 - 1 - 9　腋下按摩

图 9 - 1 - 10　大腿内侧根部按摩

图 9 - 1 - 11　尾部按摩

图 9 - 1 - 12　给毛发上焗油膏或护毛素

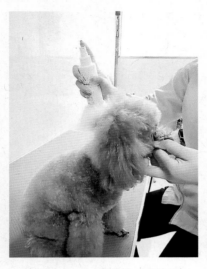

图 9-1-13　喷洒亮毛润泽剂

图 9-1-14　做完 SPA 后的犬

（二）泥浴 SPA 基本操作步骤

（1）做好基础护理：做 SPA 之前，先给宠物做好基础护理，洗干净后吹至八成干。

（2）将适量的泥挤到碗中，并加入适量的水，混合搅匀，如图 9-1-15 所示。

（3）将泥均匀涂抹在宠物每层毛发上，按从头到尾、从腹部到四肢的顺序涂抹，如图 9-1-16 所示。

（4）给宠物按摩 20～30 分钟，可按一定经络与穴位来按摩，让宠物放松。

（5）用保鲜膜将宠物身体包裹起来，用吹风机加热 10～15 分钟，如图 9-1-17、图 9-1-18 所示。

（6）拆掉保鲜膜，用浴液将毛发上的泥彻底冲洗干净。如果毛发较干燥，可用护毛素进行滋润护理。

（7）吹干、拉毛。可配合使用亮毛润泽剂等护毛产品，让被毛更加亮丽。

图 9-1-15　取适量的泥和水倒入碗中混匀

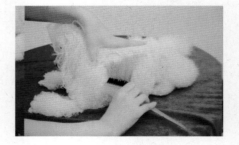

图 9-1-16　将泥涂抹在宠物每层毛发上

图 9-1-17　用保鲜膜包裹宠物身体

图 9-1-18　加热 10～15 分钟

五、宠物 SPA 注意事项

（1）选择合适的 SPA 浴源：在做 SPA 之前，首先了解每只犬、猫的体质状况、毛发种类、性情、心态等，然后根据具体情况选择适合的 SPA 浴源。

（2）不适合做 SPA 的犬、猫：有心脏病的犬、猫，有高血压病史、糖尿病或低血糖的犬、猫，对光、热敏感者，有恶性肿瘤的犬、猫等都不适合做 SPA。此外，感冒中的犬、猫，怀孕的犬、猫，带有外伤的宠物，或者本身皮肤状况不好的宠物也不适合做SPA。

（3）做 SPA 的水位不宜过高，最佳位置在宠物膝关节与腋窝之间的区域。

（4）SPA 后的犬、猫，应多饮水，避免剧烈运动。

（5）做全身浸泡 SPA 时，时间不宜过长，10 分钟之内最佳。

（6）如果要做全身浸泡，美容师一定要留守身边，以免发生意外。

（7）宠物做 SPA 时的水温要控制在 35～42℃。

（8）给宠物做 SPA 的环境要舒适、安静。

参考文献

［1］王丽华，孙秀玉. 宠物美容与服饰［M］. 北京：中国农业出版社，2014.

［2］张江. 宠物护理与美容［M］. 北京：中国农业出版社，2008.

［3］曹授俊，钟耀安. 宠物美容与养护［M］. 北京：中国农业大学出版社，2010.

［4］王艳立，马明筠. 宠物美容与护理［M］. 北京：化学工业出版社，2011.

［5］吴霖春. 最新宠物美容师培训教材［M］. 北京：人力资源和社会保障部教育培训中心，2015.

［6］苏珊，泰勒. 小动物临床技术标准图解［M］. 袁占奎，何丹，夏兆飞等译. 北京：中国农业出版社，2012.

［7］凌启波，梁英杰. 常见真菌的形态学特征和常用染色方法［J］. 临床与实验病理学杂志，2003，19（5）：554 - 557.

［8］王亨，孟霞，李建基. 犬真菌性角膜炎的诊断和治疗［J］. 中国兽医杂志，2009，45（2）：65.

［9］于湘，郭祥，曹雷. 犬脓皮病的诊疗及研究进展［J］. 山东畜牧兽医，2014，35（10）：76 - 77.

［10］王锦锋. 宠物饲养技术［M］. 北京：高等教育出版社，2009.

［11］崔立，周全. 宠物健康护理员［M］. 北京：中国劳动社会保障出版社，2007.

［12］刘康. 宠物健康护理员（初级）［M］. 北京：中国劳动社会保障出版社，2008.

［13］周建强. 宠物传染病［M］. 北京：中国农业出版社，2015.

［14］苏·达拉斯，黛安娜·诺斯，乔安妮·安格斯等. 宠物美容师培训教程［M］. 李学俭，孙颖，孙若雯等译. 沈阳：辽宁科学技术出版社，2008.

［15］伊芙·亚当森，桑迪·罗斯，乔安妮·安格斯等. 宠物狗美容［M］. 铁金涛译. 北京：北京体育大学出版社，2008.

［16］何欣. 图说狗言狗语［M］. 上海：上海科学技术出版社，2010.

［17］高得仪，韩博. 小动物疾病临床检查和诊断［M］. 北京：中国农业大学出版社，2012.

［18］杨敏，王炬. 犬脱毛的原因与对策［J］. 养殖新技术，2005（8）：30 - 31

［19］李冰，娄红军. 犬脱毛的原因与防治［J］. 中国工作犬业，2012（10）：14 - 16.

［20］以下图片来源于网络：图1-1-1至图1-1-4、图1-1-6、图2-1-2至图2-1-5、图2-1-7、图2-1-10、图2-2-1至图2-2-3、图2-2-11图2-2-1、图2-2-17、图5-1-1至图5-1-26、图5-1-28至图5-1-33、图5-2-3、图5-2-20、图5-2-21、图6-2-33、图7-3-3、图7-1-64至图7-1-67、图7-3-36至图7-3-38、图7-4-38、图8-2-1至图8-2-18、图9-1-1至图9-1-4等。